栉风沐雨七十载
踔厉奋发谱新篇

——中 国 建 研 院 的 七 十 年

中国建筑科学研究院有限公司　主编

中国建筑工业出版社

《栉风沐雨七十载 踔厉奋发谱新篇——中国建研院的七十年》编委会

主　任：王　俊

副主任：许杰峰　王　阳　徐　震　王清勤　李　军
尹　波　肖从真

委　员：刘军进　余湘北　高文生　宫剑飞　马立东
徐　伟　赵霄龙　孙　旋　吕慧芬　路金波
赵　力　何春凯　杨彩霞　胡家僖　陈乐端
王　娜　黄世敏　陈　涛　庞振新　王晨娟
沈凤斌　王　理　姚　望　周　蕊　邓曙光

主　编：王　娜

副主编：黄海涛

编　辑：王　恬　张　震　陈建光　毛佳丽　周一航
陈甜甜　黄　杰　尹如法　初剑锋　刘　欣
刘凤菊　时艳艳　王春喜　朱禹萌　仇丽娉
邹　柔　孙金丽　王　菲

PREFACE

序

修史立典，存史启智。党的十八大以来，习近平总书记高度重视总结历史、学习历史，多次强调“以史为鉴、察往知来”的重要性，指出“历史是最好的教科书”。

值此中国建研院成立七十周年之际，中国建研院组织编纂《栉风沐雨七十载 踔厉奋发谱新篇——中国建研院的七十年》一书，以七十年发展历程为蓝本，系统回顾总结了中国建研院与国家发展同频共振、为我国建筑行业科技进步作出突出贡献的光辉历程。

自 1953 年成立以来，中国建研院始终胸怀服务祖国建设事业的志向，肩负引领建筑业创新发展的使命。从成立初创、奠基立业，到逆境探索、调整恢复，再到转企改制、深化改革，中国建研院始终服从服务于党和国家发展大局，从我国建设事业需要出发，在建筑科学技术研究领域精心耕耘、创新发展，在落实国家重大战略、推进我国建筑行业技术进步等方面作出了应有贡献，以实际行动展现了“国家队”的强烈责任担当。特别是近些年来，中国建研院牢牢抓住“碳达峰、碳中和”、数字中国建设、区域协调发展、新型城镇化和全面推进乡村振兴等重要战略机遇，不断加快 BIMBase 关键核心技术攻关，加强绿色建筑成套技术、新能源应用技术、防灾减灾技术以及智能化集成技术等研究与开发，开拓了绿色建筑、健康建筑、近零能耗建筑、生态城市、海绵城市、低碳城市、智慧城市等新业务新领域，全面开启了打造原创技术策源地、争当现代产业链链长、加快建设世界一流企业的新征程。

希望中国建研院以七十年为新起点，从新的历史出发，以深化改革创建世界一流，以科技创新促进行业转型升级，以综合技术优势服务国家战略，谱写高质量发展新篇章，在新时代新征程中展现新作为。

愿各位读者都能从本书中得到启发，获得振奋向前、开拓创新的智慧和力量。

第十四届全国政协常委、
人口资源环境委员会副主任
住房和城乡建设部原党组成员、副部长
中国土木工程学会理事长
2023 年 9 月

FORWORD

前 言

中国建筑科学研究院有限公司（简称“中国建研院”）的前身是中国建筑科学研究院，由 1953 年建筑工程部成立的建筑技术研究所发展而来，至今已经走过了 70 年的历程。70 年来，中国建研院始终怀揣服务祖国建设事业的初心，肩负引领中国建筑业创新发展的使命，从党和国家需要出发，在建筑科学技术研究领域精心耕耘、发光发热，以实际行动展现了作为建筑领域“国家队”的强烈责任担当。

作为科研事业单位转制中央企业，中国建研院的历史与党和国家发展历史密不可分，与中国建筑事业发展同频共振。20 世纪 50 年代到 60 年代，开创了我国第一代建筑工程技术与标准体系，参与了新中国十大工程建设。70 年代，建立了我国第一代建筑抗震技术体系，促进了我国抗震设防能力提升。80 年代，创建了我国第一代建筑节能技术标准，为推进我国建筑节能事业的发展奠定了坚实基础。90 年代，研发了我国第一代拥有自主知识产权的建筑软件，掀起了甩图板的革命。党的十八大以来，中国建研院以习近平新时代中国特色社会主义思想为指导，抓住发展机遇，持续深化改革、强化科技创新、提升经营管理水平，引领和推动建筑业朝着绿色化、工业化、信息化、标准化、数字化方向发展。

栉风沐雨七十载
踔厉奋发谱新篇

Seventy Years of
China Academy of Building Research

本书分为八章，分别叙述了中国建研院成立初创、奠基立业、逆境探索、调整恢复、转企改制、深化改革、创新发展的历史及取得的成绩和作出的贡献，力图展现中国建研院姓党为民的政治本色和引领行业的责任担当、“智者创物”的核心价值理念以及全体干部职工“爱国爱院、团结奋进”的精神风貌。

本书编纂工作于2023年初正式启动，历时半年多，数易其稿。编纂过程中，公司领导全程关心指导，各部门各单位大力支持帮助，提供了很多有价值的历史资料及线索，提出了许多宝贵的意见建议。对此，我们一并致谢！本书在《五十春秋结硕果》《继往开来谱新篇》等已有成果的基础上，进一步丰富了各个时期的时代背景、历史细节和成绩贡献，确保基本观点正确、基本史料完整，但囿于时间和精力，本书仍有诸多不足，敬请读者批评指正！

谨以此书

献礼中国建研院70周年华诞！

编委会

2023年7月

目录 CONTENTS

中国建研院的七十年

1953—1956 年

立志报国 应运而生

第一篇章

1949 年中华人民共和国成立时，我国经济凋敝，百废待兴。对此，毛泽东同志不禁感慨：“现在我们能造什么？能造桌子椅子，能造茶碗茶壶，能种粮食，还能磨成面粉，还能造纸，但是，一辆汽车、一架飞机、一辆坦克、一辆拖拉机都不能造。”[①] 为解决这一落后状况，中共中央和中央人民政府决定借鉴苏联经济建设经验，编制实施发展国民经济的第一个五年计划（1953—1957 年）（简称“‘一五’计划”），确定兴建 156 项重点工程，从而提出了大量建筑科学技术研究课题。

一、建筑技术研究所的成立

为了给“一五”计划作准备，1952 年 8 月 7 日，中央人民政府委员会举行第十七次会议，决定成立中央人民政府建筑工程部，任命陈正人为建筑工程部部长，周荣鑫、宋裕和、万里、刘秀峰为建筑工程部副部长。

西郊百万庄，远处高楼为始建于 1954 年的著名历史建筑——建筑工程部大楼，前面近景平房所在地是百万庄小区。图片来自《建筑》杂志社 2023 年第 1 期

① 中共中央文献研究室编：《毛泽东文集》第六卷，人民出版社 1999 年版，第 329 页。

为了加强建筑材料的试验研究工作，适应大规模建设项目需要，1953 年 10 月，建筑工程部决定筹备建立建筑技术研究所。筹备过程中的研究所，仅有副所长乔克明 1 人和职工 40 人，其中工程师仅 3 人，办公地址为北京西郊百万庄。开展一些普通建筑材料试验，并接受委托试验任务。同年 12 月 16 日，建筑工程部决定正式成立建筑技术研究所。建筑技术研究所受建筑工程部技术司领导，设有混凝土、钢铁、理化、砖石砂浆、木材、土壤等 6 个组和修配车间。

1954 年 7 月，建筑技术研究所的职工队伍发展到 70 人，乔兴北任所长，乔克明任副所长。在设备缺乏、技术人员不足又无经验的情况下，建筑技术研究所积极克服困难，除接受委托试验任务外，开始进行科研工作。同年，建筑工程部将其华东设计院所属材料试验所并入建筑技术研究所，并将华东设计院与南京工学院合办的中国建筑研究室移交建筑技术研究所，改名为“建筑技术研究所与南京工学院合办中国建筑研究室”。1955 年初，建筑技术研究所机构得以充实，人员增至 170 人，开展了 14 项专题研究工作，办公地点由西郊百万庄迁到北郊安外小黄庄。

二、建筑科学研究院的初创

1956 年，我国掀起大规模建设热潮。为了适应建筑业发展需要，建筑工程部开始加强建筑科学研究工作，充实建筑技术研究所的领导力量和高级技术人才队伍，于 5 月 1 日将“建筑技术研究所”改为“建筑科学研究院”（以下简称“建研院”）。

同年 9、10 月，建筑工程部先后对建研院的领导班子和隶属关系进行了调整，任命汪之力为院长兼党委书记，倪弄畔[①]、乔兴北、汪季琦、

① 汪之力到任后，调来倪弄畔作为其助手开展工作。参见汪之力:《新中国的追求》，第 186 页。

张恩树、崔乐春、程震文、蔡方荫为副院长，将建研院由部技术司领导改为部直接领导，并将原建筑组织与机械化施工研究所和哈尔滨土木建筑研究所（建筑部分）并入建研院①。同时，建研院调整内部机构，设立了第一结构（以竹木结构为基础）、第二结构（加筋混凝土研究）、建筑材料、地基基础、建筑设计与设备、建筑组织与机械化等 6 个研究室，成立了编译出版室、资料与情报室、图书馆等科辅单位，以及人事、保卫、基建、供应、财务科等行政单位。这一年，建研院全院干部职工人数达到 463 人，其中工程师 20 人，开始接受国家统一的试验研究任务，开设了 12 个专题研究项目。

三、历史成绩及贡献

这一时期，建研院努力克服技术人员和研究经验不足的困难，积极创造条件开展工作，为新中国的科学技术研究特别是建筑科学技术研究作出了重要贡献。

20 世纪 50 年代初期，率先开拓建筑行业预应力混凝土技术。1955—1956 年，参与编制了新中国第一个科学技术发展规划——《1956—1967 年科学技术发展远景规划纲要》②，在我国房屋结构中首先研制开发一整套预制预应力构件技术，试制成功我国第一榀 18 米

① 参见汪之力：《新中国的追求》，第 186 页。

② 1956 年 3 月至 6 月，国务院成立科学规划小组，以中国科学院各学部为基础，集中全国 600 多位科学家，按照“重点发展，迎头赶上”的方针，采取“以任务为经，以学科为纬，以任务带学科”的原则，编制出《1956—1967 年科学技术发展远景规划纲要（草案）》（简称“十二年规划”），建研院的专家主要负责地基基础科学发展规划、建筑和城市规划等领域以及中国建筑史、建筑气象分区、建筑模数制、建筑空间、中国民居（浙江民居）、住宅层数、特大城市地区规划研究等项目课题研究。参见《蒋大卫：中国建筑科学院和建研院早期工作的回忆》。

跨预应力混凝土屋面大梁[①]，首次提出非自重湿陷黄土及湿陷起始压力的概念[②]。

左图为预应力混凝土屋面梁，图片来自《建筑技术》1979年第9期；右图为预应力混凝土技术广泛推广后，建研院审定通过的预应力钢筋混凝土梯形屋架、工字形屋面梁（跨度18米）使用/标准图集

① 参见王俊、冯大斌：《预应力技术回顾与展望》，《第九届后张预应力学术交流会论文》2006年第1页；《中国建筑科学研究院建院三十年》第11页。

② 1955年，黄土地基研究工作刚起步，为解决西北地区建设中的湿陷性黄土地基问题，建筑科学技术研究所完成了洛阳、太原、西安等地建筑物破坏事故的调查研究报告，在西安、太原、兰州3个工业城市开展大型野外浸水载荷试验。20世纪50年代后期，通过大量调查研究试验，将我国黄土划分为自重湿陷与非自重湿陷两大类，并首次提出黄土的湿陷起始压力，有针对性地进行设计处理，为我国黄土地区建设节省大量资金。参见《近现代杭州人物 黄强》，中共杭州市委党史工作办公室—杭州史志网 .http://fzsz.jxfz.gov.cn/art/201918127/art_2085_3102180.html.

值得一提的是，时任建研院副院长兼总工程师、《土木工程学报》主编的蔡方荫已当选为中国科学院技术科学部委员（院士）①。他潜心土木工程结构力学研究，参加制定和审定许多重大基本建设项目的方案工作，主持了“一五”计划的一批国家重点建设项目的重型厂房设计工作，将自己多年的研究成果加以应用和推广，为我国社会主义建设事业作出了重要贡献②。

建筑工程部建筑科学研究院
建筑科学研究资料
JIANZHU KEXUE YANJIU ZILIAO
12
C建筑結构
C—10
1958·9

簡化变梁常數計算的K值公式

建筑工程部建筑科学研究院
（中國科学院学部委員）

提 要

时任建研院副院长兼总工程师、中国科学院技术科学部委员（院士）、《土木工程学报》主编——蔡方荫

① 1955 年，随着中国科学院技术科学部的成立，产生了第一批院士，称“中国科学院技术科学部委员”，1993 年改称“中国科学院院士”。
② 参见九三学社中央宣传部：《九三学社院士风采（2012 年版）》，第 134—135 页。

中国建研院的七十年

1956—1964 年

奠基立业 快速发展

1956年底，“一五”计划的主要指标大部分提前完成。1957年底，计划指标的绝大部分都大幅度超额完成。全国完成基本建设投资588.47亿元，超过计划38%；国内生产总值（GDP）平均增长9.25%，大大超过同一时期世界发展中国家4.8%的平均增速。“一五”计划的提前超额完成，极大地鼓舞了全国人民的建设热情。

一、确立方针任务

为适应形势发展需要，1957年，建研院确立了明确的方针任务，即研究我国工业建筑的新型结构和所应用的主要建筑材料，解决设计施工中有关重大技术问题，成为建筑工程部所属全国规模最大的、综合性的建筑研究机构。同时，建研院调整组织机构，设置了加筋混凝土结构室、综合结构室、建筑材料室、地基基础室、建筑设计及设备室、施工组织及建筑经济室、科学情报室、编译出版室、卫生技术室、市政工程研究室等10个研究室，开设了39个研究专题，成立了学术委员会及各专门委员会。同年12月，原计划办成全国建筑科研中心的中国建筑科学院（属国家建委）合并归属到建研院。这一年，全院总人数增至968人，其中，研究人员增至368人①，工程师增至79人。此外，建研院还聘请了3位苏联专家来院进行技术援助，其中，上下水（给排水）专家巴格达诺夫（亦叫巴格丹诺夫）被聘为院的总顾问②。

二、进一步发展壮大

1958年2月，城市建设部与建筑工程部合并③。同年3月，城市

① 参见刘玉奎、袁镜身：《刘秀峰风雨春秋》，第187页。
② 参见汪之力：《新中国的追求》，第187页。
③ 1958年2月11日，第一届全国人民代表大会第五次会议决定将建筑材料工业部、建筑工程部和城市建设部合并成为建筑工程部。

建设部所属市政研究所合并到建研院。这时，建研院的研究机构达到13个，分别为建筑理论与历史研究室，主任梁思成、副主任刘敦桢；工业与民用建筑研究室，主任王华彬；区域与城市规划研究室，副主任吴洛山；市政工程研究所，所长过祖源；综合结构研究室，主任何广乾；加筋混凝土研究室，主任陆长庚；建筑材料研究室，主任沈文瑜；地基基础研究室，主任黄强；建筑物理研究室，主任胡璘；采暖通风研究室，主任汪善国；建筑机械研究室，主任赵宏胤；建筑施工研究室，主任黄浩然；建筑经济研究室，主任黄学诗。合并后的建研院，职工人数增至近2000人，院部和建筑理论与历史研究室、工业与民用建筑研究室、建筑物理研究室在西郊西直门外新建院舍，市政工程研究所在阜成门外，其余机构仍在安定门外[①]。当时中央各部委中，

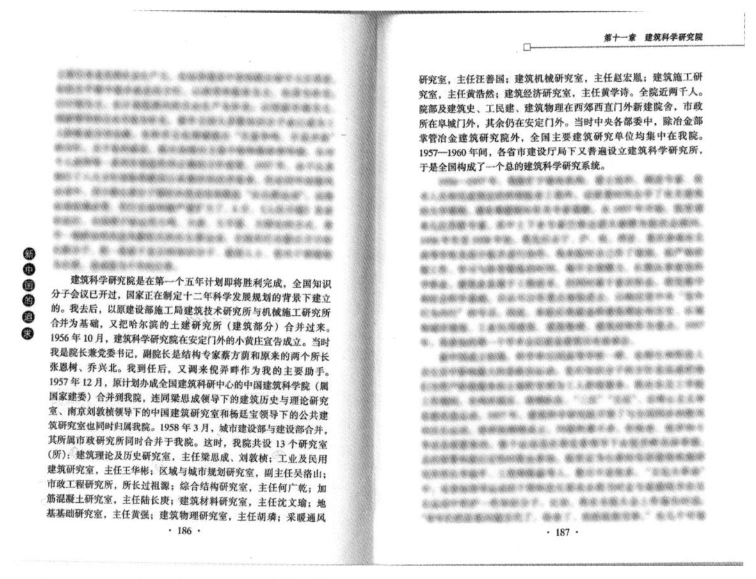

建筑科学研究院是在第一个五年计划即将胜利完成，全国知识分子会议已开过，国家正在制定十二年科学发展规划的背景下建立的。我去后，以原建设部施工局建筑技术研究所与机械施工研究所合并为基础，又把哈尔滨的土建研究所（建筑部分）合并过来。1956年10月，建筑科学研究院在安定门外的小黄庄宣告成立。当时我是院长兼党委书记，副院长是结构专家蔡方荫和原来的两个所长张恩树、乔兴北。我到任后，又调来倪弄畔作为我的主要助手。1957年12月，原计划办成全国建筑科研中心的中国建筑科学院（属国家建委）合并到我院，连同梁思成领导下的建筑历史与理论研究室、南京刘敦桢领导下的中国建筑研究室和杨廷宝领导下的公共建筑研究室也同时归属我院。1958年3月，城市建设部与建设部合并，其所属市政研究所同时合并于我院。这时，我院共设13个研究室（所）：建筑理论及历史研究室，主任梁思成、刘敦桢；工业及民用建筑研究室，主任王华彬；区域与城市规划研究室，副主任吴洛山；市政工程研究所，所长过祖源；综合结构研究室，主任何广乾；加筋混凝土研究室，主任陆长庚；建筑材料研究室，主任沈文瑜；地基基础研究室，主任黄强；建筑物理研究室，主任胡璘；采暖通风

· 186 ·

第十一章 建筑科学研究院

研究室，主任汪善国；建筑机械研究室，主任赵宏胤；建筑施工研究室，主任黄浩然；建筑经济研究室，主任黄学诗。全院近两千人。院部及建筑史、工民建、建筑物理在西郊西直门外新建院舍，市政所在阜城门外，其余仍在安定门外。当时中央各部委中，除冶金部掌管冶金建筑研究院外，全国主要建筑研究单位均集中在我院。1957—1960年间，各省市建设厅局下又普遍设立建筑科学研究所，于是全国构成了一个总的建筑科学研究系统。

· 187 ·

图为汪之力《新中国的追求》第186—187页

① 参见汪之力：《新中国的追求》，第186—187页。

1958年，建研院科学跃进先进工作者大会，左起前排5黄强、6蔡方荫、7汪之力、8倪弄畔、9张恩树，二排黄强后罗邦杰、蔡方荫后何广乾、汪之力后薛绳祖。图片来自汪之力《新中国的追求》第193页

除冶金部掌管冶金建筑研究院外，全国主要建筑研究单位均集中在建研院①。

三、扩大科学工作领域

1960年3月，建研院科学工作领域得以扩大，逐渐承担起全国建筑事业中最紧迫、最复杂的科学技术问题研究。在保留各研究室（所）组织机构的基础上，设置84个研究组②。同年10月，建研院调整各研究室（所）组织机构，设置建筑结构研究室、建筑材料研究室、地基基础及砖木结构研究室、建筑机械化研究室、城乡建筑研究室、建

① 参见汪之力：《新中国的追求》，第187页。
② 含建筑物理研究室筹备成立的2个组。

20 世纪 60 年代，建研院接待外宾

筑物理研究室、建筑理论与历史研究室、建筑经济研究室、建筑设备及公共工程研究所等 9 个研究室（所）和 39 个研究组[①]。到 1960 年底，职工总数达 2800 余人。

四、历史成绩及贡献

这一时期，建研院成为中国建筑科学的研究中心，与中央有关部委、各高等院校及相继成立的地方建筑科研部门互相配合，推动我国建筑科学研究事业蓬勃发展。

1958—1959 年，参与国庆十大工程建设，解决工程建设过程中的主体结构、地基基础、施工、材料、采暖通风、建筑物理及机电、建筑装饰等方面问题；为长江三桥工程、三峡工程等做了多方面研究工作[②]；主持完成了《中国古代建筑史》《中国近代建筑史》《建筑

① 参见建研院档案《1960 年建筑科学研究院简要介绍》，第 1—13 页。
② 参见建研院档案《1960 年建筑科学研究院简要介绍》，第 12 页。

十年》的编纂①；提出了我国沿海软土地基设计措施②；完成了《中国湿陷性黄土地区建筑物设计与施工规范草案》《建筑气候分区初步

首都国庆十大工程，包括以天安门广场为中心的人民大会堂、中国革命历史博物馆和中国历史博物馆，以及中国人民革命军事博物馆、全国农业展览馆、民族文化宫、北京火车站、北京工人体育场、民族饭店、华侨大厦等。这批工程不但规模宏大、功能复杂和艺术要求很高，在结构和设备方面还应用许多尖端科学技术，建研院参与解决了十大工程中的系列科技难题，如，在人民大会堂建设中，建研院牵头组织科学技术工作委员会相关工作，设立了主体结构、地基基础、施工、材料、采暖通风、建筑物理及机电、建筑装饰7个专门委员会，建研院的何广乾、黄强、沈文论、许照、汪善国、胡璘、王华彬等分别担任各专门委员会召集人。图为1959年人民大会堂内景

---

① 编纂的《中国古代建筑史》《中国近代建筑史》为初稿，《建筑十年》为正式出版稿。参见《中国建筑科学研究院建院三十年》，第5页。

② 20世纪50年代中期沿海地区及内陆的湖泊、河漫滩地区陆续新建了一批4到6层砖石承重结构房屋及工业厂房，有的采用天然地基，有的采用砂桩、砂垫层等浅层地基处理。由于这些地区软土厚度大，承载力低，压缩性高，许多房屋出现严重不均匀沉降甚至开裂。60年代初期，建研院地基基础研究室通过对沿海软土地区采用天然地基或浅层地基房屋事故的调查分析研究，结合沿海软土的高结构性和压缩性特点，提出控制地基压力和建筑物长、高比等措施，减小了地基差异沉降。参见《建研地基基础工程有限责任公司二十周年纪念》，第21页。

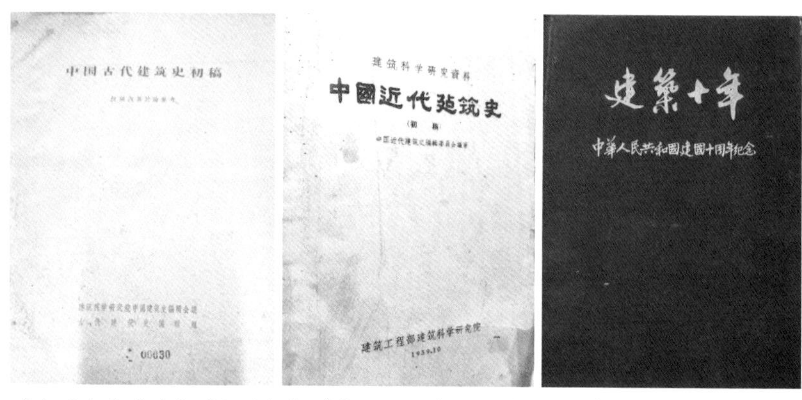

《中国古代建筑史（初稿）》《中国近代建筑史（初稿）》以及《建筑十年》

区划草案》《露天预制台座生产大型预制板工艺》等重要成果[①]；与有关单位合作建成了我国第一幢试验性大板建筑，研制了我国第一台塔机——TQ-10 型快速架设塔式起重机及我国第一台下旋式塔式起重机——红旗 I 型[②]。

20 世纪 50 年代中期，建研院设计完成的国内第一台塔机——TQ-10 型快速架设塔式起重机

20 世纪 50 年代末至 60 年代初，研究开发了薄壳、悬索、网架三类大跨度空间结构技术，完成了活化矿渣混凝土、装配式圆形带肋筒壳试验研究、中国黄土的建筑分区、人民大会堂会议厅二层挑台梁

① 参见建研院档案《1960 年建筑科学研究院简要介绍》，第 12 页。
② 参见《中国建筑科学研究院建院三十年》，第 37 页。

建研院空气净化设备试验室和分层气流组织试验室

安装、国庆建筑中采用的空气调节方案和系统布置、山东工业展览馆设计方案研究等 200 项重大研究项目[①]，研制了一批板壳结构、地下工程衬砌、隧道工程的计算程序，还研究得出了空调设备、恒温恒湿指标、气流组织、自动控制等整套科研成果[②]。

20 世纪 60 年代以后，建立了声学实验室、光学实验室，研制了各类穿孔板、矿棉板、复合吸声材料及制品和多种消声、隔声部件等，自行研发了人工天空、大型积分球、分布式光度计等测试仪器，组建了光源、灯具等多个工作组[③]；还开始建立和发展建筑热工相关测试技术，试制成功了墙板保温试验箱、热脉冲导热系数测定仪、电火花发生器和电模拟装置等仪器设备，部分实验室已接近或赶上当时世界先进水平[④]。

截至 1959 年底，已与苏联、匈牙利、罗马尼亚、保加利亚和民主德国等兄弟国家的 30 多个相应科研机构建立了联系，并开展合作[⑤]。

---

① 参见建研院档案《建筑科学研究院 1959 年完成的重大研究项目》。

② 参见邹月琴、许钟麟等:《恒温恒湿、净化空调技术及建筑节能技术研究综述》,《建筑科学》1996 年第 2 期，第 45—52 页。

③ 参见赵建平、罗涛:《建筑光学的发展回顾 (1953-2018) 与展望》,《建筑科学》2018 年 34 卷第 9 期，第 125—129 页。

④ 参见建研院档案《1965 年建筑物理所年度工作报告》。

⑤ 参见建研院档案《1960 年建筑科学研究院简要介绍》，第 13 页。

20世纪60年代初的建研院物理所及光学实验室，内有建研院自行研发的人工天空、大型积分球、分布式光度计等测试仪器。图片来自《建筑科学》2018年第34卷第9期

中国建研院的七十年

1964—1973年

艰辛探索
逆境而上

1964年8月，党中央作出了“三线建设”的重大决策，决定在我国中西部地区，秘密开展以战备为中心的大规模国防、科技、工业和交通基础设施建设。

一、与建筑工程部科学技术局合并

1965年3月27日，党中央决定改组建筑工程部，成立建筑工程部和建筑材料工业部，划归国家基本建设委员会[①]（以下简称“国家建委”）。为进一步支援战备及国防建设，推动全国建筑业技术革命，同年5月，建筑工程部报请国家科委批准，决定将建筑科学研究院与部科学技术局合并，作为部科学技术工作的管理部门，建研院院长张哲民兼任建筑工程部科学技术局局长，副院长张恩树任科学技术局副局长[②]，乔兴北和崔乐春分别任建研院党委书记、党委副书记[③]。此时的建研院设有建筑结构研究所、地基基础研究所、建筑机具研究所、空气调节技术研究所、建筑物理研究所、建筑技术情报研究所、建筑经济研究室、西北和西南建筑科学研究所等9个研究机构，职工总数达2258人[④]。

二、支援地方建筑科研工作

1965年以后，为推动国防工程、内地建设和工业重点建设项目，建研院从北京调出200人，同时大力投入设备资源，支援西南建筑科

---

① 1958年11月23日，全国人民代表大会常务委员会第一百〇二次会议决定设立中华人民共和国国家基本建设委员会。

② 参见《中国建设行业科技发展五十年》第350页。

③ 参见建研院档案《转发部党委关于乔兴北同志兼任党委书记职务的通知》（〔65〕科党字第3号），《转发部党委关于崔乐春同志任免职务的通知》（〔65〕科党字第6号）。

④ 含科学技术局35人。

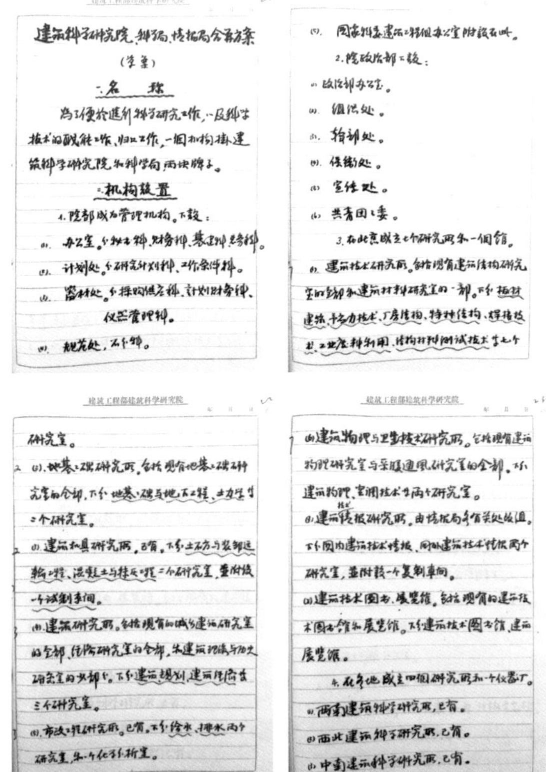

建筑工程部建筑科学研究院

建筑科学研究院、科技局、情报局合并方案

（草案）

一、名称

为了便于进行科学研究工作，以及科学技术的政策工作、归口工作，一个机构挂建筑科学研究院和科学局两块牌子。

二、机构设置

1. 院部成为管理机构。下设：

(1). 办公室。分秘书科、财务科、基建科、总务科。

(2). 计划处。分研究计划科、工作条件科。

(3). 器材处。分采购供应科、计划财务科、仪器管理科。

(4). 规范处，不分科。

(5). 国家科委建筑工程组办公室附设在此。

2. 院政治部下设：

(1) 政治部办公室。

(2). 组织处。

(3). 干部处。

(4). 保卫处。

(5) 宣传处。

(6) 共青团委。

3. 在北京成立七个研究所和一个馆。

(1). 建筑技术研究所。包括现有建筑结构研究室的全部和建筑材料研究室的一部。下分板材建筑、预应力技术、厂房结构、特种结构、焊接技术、工业废料利用、结构材料测试技术等七个研究室。

(2). 地基基础研究所。包括现有地基基础研究室的全部，下分地基基础与地下工程、土力学等二个研究室。

(3). 建筑机具研究所，已有。下分土石方与装卸运输机械、混凝土与装饰机械二个研究室，並附设一个试制车间。

(4). 建筑研究所。包括现有的城乡建筑研究室的全部、住宅研究室的全部，和建筑理论与历史研究室的大部分。下分建筑规划、建筑经济等三个研究室。

(5). 市政工程研究所。已有。下分给水、排水两个研究室，和一个化学分析室。

(6) 建筑物理与卫生技术研究所。它包括现有建筑物理研究室与采暖通风研究室的全部。下分建筑物理、空调技术等两个研究室。

(7) 建筑技术情报研究所。由情报局各有关处改组。下分国内建筑技术情报、国外建筑技术情报两个研究室，並附设一个复制车间。

(8) 建筑技术图书、展览馆。包括现有的建筑技术图书馆和展览馆。下分建筑技术图书馆、建筑展览馆。

4. 在各地成立四個研究所和一个仪器厂。

(1) 西南建筑科学研究所，已有。

(2) 西北建筑科学研究所，已有。

(3) 中南建筑科学研究所，已有。

1965 年 4 月 9 日，建研院常委会第三届第 38 次会议讨论建研院与部科学技术局机构合并方案问题

学研究所、西北建筑科学研究所、西南市政工程研究所，有力推动了当地建筑科研工作。此外，还抽调 50 人组建建材部地方材料研究所。1966 年，空气调节技术研究所、施工机具研究所[①]约 250 人先后迁往四川德阳、陕西西安[②]。到“文化大革命”前，建研院在京尚有 1400 余人，并归口管理西南、西北、中南建筑科学研究所。

---

① 即建筑机具研究所。

② 参见建研院档案《本院报部关于空调所 1965—1966 年度搬迁扩建设计任务书》，建筑工程部科技局档案《施工机具研究所 66—70 年发展规划》。

三、机构全面下放

1969 年 2 月，根据建筑工程部安排，科学技术局撤销[①]。5 月，建筑工程部机关、事业单位人员下放[②]。同年，建研院机构人员全面下放，机关搬迁到河南省武陟县，绝大部分科技人员下放到河南省修武县参加农业劳动，后期除留下少部分人外，其余大多数被分配到各省市和基层施工单位，改行转业。

1971 年，下放到河南的建研院人员在进行拉练

四、另组建建研院

1970 年，国务院进行改革，精简机构。同年 6 月，中共中央批准将国家建委、建筑工程部、建筑材料工业部、中央基本建设政治部合并，建立国家基本建设革命委员会[③]。8 月，宣布撤销国家建委原在京科研、设计、勘察事业单位，另组建建研院，目的是要把新机构组建成国家建委的技术参谋部。1971 年 1 月，除留 700 人[④]组建建研院外，其余

① 参见《中国建设行业科技发展五十年》，第 350 页。
② 参见《住房和城乡建设部历史沿革及大事记》，第 120—121 页。
③ 参见《住房和城乡建设部历史沿革及大事记》，第 35 页。
④ 其中工人 200 人。

人员全部下放[①]。同年，确定新机构地址为车公庄大街19号，按建工、建材各专业设研究室和情报研究室，所属单位除院本部外，还有附属实验工厂、151厂、152厂、展览馆、中国建筑工业出版社和学会[②]。当时名义上成立了建研院新机构，但实际上是由原各在京科研设计单位[③]少数人员组成的综合科研设计单位。此时，建研院人员流失严重，仪器设备、图书资料和各种研究试验设施遭到严重破坏[④]，大部分研究领域空置，研究试验工作基本停顿。比如，当时的地基所职工只留下12人[⑤]，空调所技术骨干只留下2人，建筑理论与历史研究室解散[⑥]。

五、历史成绩及贡献

这一时期，虽然“四清”运动、“文化大革命”给建研院各项工作造成了影响，但是建研院干部职工步履不停、奋力攻关、艰辛探索，积极开展科研工作，助力“三线建设”、核试验项目等国防工程，引领我国建设事业不断向前发展。

1964年，派出建材、结构、地基等专业技术骨干组成调查研究小组支援“三线建设”，提出迫切需要研究解决的重大技术课题33项，其中建筑材料15项、结构抗震13项、地基基础5项，并在当地试验成功了一种天然溶洞防水堵漏材料，为国家“三线建设”节约投资4万元以上，保证了生产车间按时建成投产[⑦]。

① 参见《住房和城乡建设部历史沿革及大事记》，第121页。
② 参见建研院档案《院关于72年主要科研任务和当前需要解决的问题的报告》，第6页。
③ 包括建研院在内的建材院、设计院、专业设计室、标准设计所、玻璃陶瓷院、水泥院等。
④ 参见《1984—1985中国建筑年鉴——建筑科学研究与新技术推广》，第375页。
⑤ 参见《建基筑础承广厦——黄熙龄院士90华诞纪念专集》，第53页。
⑥ 参见汪之力：《新中国的追求》，第215页。
⑦ 参见1964年建研院档案。

20 世纪 70 年代，建研院技术人员在院主楼毛主席像前的合影

20 世纪 60 年代中后期，先后参加贵州娄山关、安顺、遵义等地和湖北十堰地区中国第二汽车厂的“三线工程”生产建设工作，配合解决新建厂房的岩土地基及结构问题[①]。1965 年，完成了我国第一本行业标准《钢筋混凝土结构设计规范》[②]、国内第一本空间结构方面的规程《钢筋混凝土薄壳顶盖及楼盖结构设计计算规程》[③]。60 年代末，提出了适合我国国情的恒温工程整套设计方法[④]。

① 参见《建基筑础承广厦——黄熙龄院史 90 华诞纪念专集》，第 23 页。

② 参见《中国建筑科学研究院建院三十周年》，第 12 页。

③ 参见王俊、赵基达等：《大跨度空间结构发展历程与展望》，《建筑科学》2013 年 29 卷第 11 期，第 2—10 页。

④ 参见邹月琴、许钟麟等：《恒温、恒湿、净化空调技术及建筑节能技术研究综述》，《建筑科学》1996 年第 2 期，第 45—52 页。

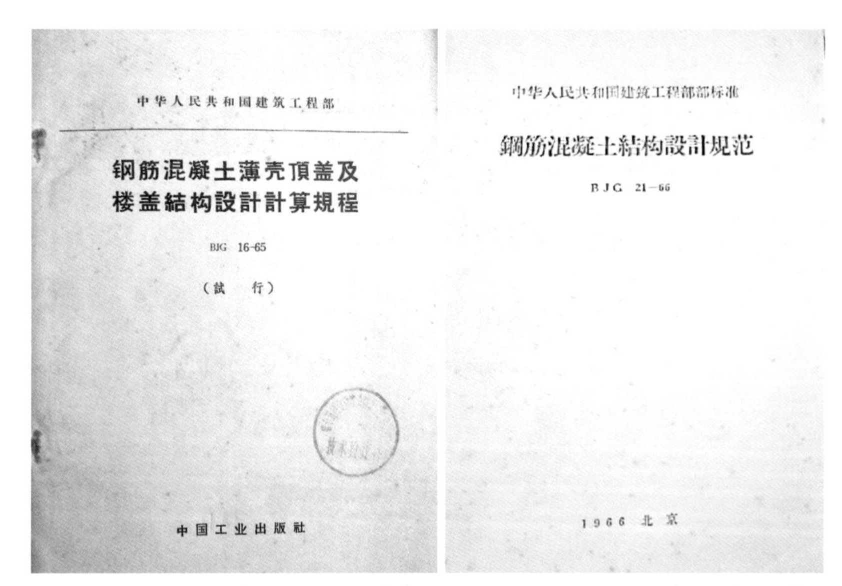

中华人民共和国建筑工程部

钢筋混凝土薄壳顶盖及楼盖結构設計計算規程

BJG 16-65

（試　行）

中国工业出版社

中华人民共和国建筑工程部部标准

鋼筋混凝土結构設計規范

BJG 21-66

1966 北京

1965 年编制完成的《钢筋混凝土薄壳顶盖及楼盖结构设计计算规程》和《钢筋混凝土结构设计规范》，分别于 1965、1966 年发布实施

20 世纪 70 年代，提出了全国基本风压分布图，对沿海风压和山区风压进行了深入测定[①]，攻关了膨胀土地区轻型建筑地基问题，取得了膨胀土胀缩特性、膨胀潜势、胀缩等级、设计处理等方面的成果[②]；完成了平面杆件应用程序系统；建立了情报资料报导系统和全国情报网，促进了建筑界科技交流[③]；牵头开发出螺栓球节点网架与有中国特色的焊空心球节点网架，主编了国际上最早的在网架结构设计与施工方面的技术规程《网架结构设计与施工规定》[④]。

① 参见《中国建设行业科技发展五十年》，第 213 页。

② 参见《中国建设行业科技发展五十年》，第 15 页。

③ 参见《中国建筑科学研究院建院三十周年》，第 4—5 页。

④ 参见王俊、赵基达等：《大跨度空间结构发展历程与展望》，《建筑科学》2013 年 29 卷第 11 期，第 2—10 页。

网架结构
设计与施工规定
JGJ 7—80

1981 北京

20 世纪 70 年代，牵头主编《网架结构设计与施工规定》，1980 年颁发试行

膨胀土分布在我国的十多个省市，具有显著的吸水膨胀和失水收缩的性质，对工程危害很大。对此，建研院组织了国内近 20 个单位进行协作攻关，提出了一整套设计与处理方法。图为采用研究成果后使用多年完好无损的房屋，左上图为以前在膨胀土地基上房屋严重破坏的情况

尤其值得一提的是，1964 年底至 1971 年底，建研院参加了核试验项目。先后派出结构、建材、地基、机具、暖通、物理等室所 100 余人奔赴一线，与有关高等院校、设计单位等共同承担了由党中央直

接领导的原子弹、氢弹爆炸现场试验项目中7次有关核爆炸效应试验任务，支援国防建设防核爆炸等工程。当时的建研院院长张哲民担任国家科委防护工程组副组长，副院长何广乾担任国家科委防护工程组结构力学主要负责人[①]。参加核试验的部分工程技术人员同众多解放军官兵一道在人民大会堂受到毛主席、周总理等党和国家领导人接见。通过对各次核效应试验数据积累和相应的理论研究，以及辅助性化爆试验研究，建研院系统提出了配套学术成果，为以后指导工程建设提供了切合实际的重要依据，为国防事业作出了积极贡献。

① 参见档案《中华人民共和国科学技术委员会 中华人民共和国国防部国防科学技术委员会 同意成立“国家科委防护工程组”》（1965年5月25日）。

中国建研院的七十年

1973—1983 年

调整恢复
方兴未艾

随着国际局势缓和，我国经济发展由备战型经济逐步转向正常的经济建设轨道。1973 年，国务院开始采取各种措施对国民经济进行调整。

一、恢复研究工作

1973 年，在恢复原建筑科研部分的主要研究单位建制时，国家建委在向国务院的报告中提出，近几年建成的数百万平方米的洞库工程和人防设施，因通风去湿技术没有过关，大量建筑不能投产使用，亟待研究改造；北京、广州等地区正在兴建的高层建筑，在设计、施工中遇到的抗震、抗风、空调等一系列技术问题也亟待解决，而由于技术力量很弱，有的甚至是空白点，对某些特种结构的科研任务，更无力完成，直接影响了国家建设。

20 世纪 70 年代，建研院技术人员在西郊院大门前合影

因此，经国家建委批准，从建研院下放的人员中，陆续调回一些技术骨干，重新开展研究工作。同年底，建研院逐渐恢复各专业领域研究工作，设置政工组、业务组、办事组、行政室 4 个职能机构，以及建筑设计、建筑结构、地基基础、空气调节、建筑情报、建筑物理、建筑机械化、城市建设研究所和建筑机具厂，全院人数近 2000 人[①]。当时在院长、党委书记阎子祥[②]等人的建议下，建研院陆续恢复新建了几项技术专业研究，如重新组建了历史研究室[③]，继续开展古建研究相关工作[④]。

1977 年 12 月，为加强建筑机械和施工技术研究，国家建委决定，将施工机具技术研究所重新划归建研院管理，并改名建筑机械化研究所，地址设在河北省廊坊市。

1978 年 11 月，准备建设的建筑机械化研究所廊坊地址

① 参见建研院档案《院各所负责人名单及任务、机构、编制意见——关于建筑科学研究院工作任务和机构编制的意见（讨论稿）》（1973 年 4 月 12 日—11 月 26 日）。

② 1973 年，阎子祥任建研院院长、党委书记；1974 年 9 月，国家建委建立科技教育局，阎子祥任科技教育局局长。参见《中国建设行业科技发展五十年》，第 350 页。

③ 隶属建筑情报研究所。

④ 参见《梁思成、刘敦桢：古建天空的“双子星座”》（《中国新闻周刊》）。

20 世纪 80 年代，建筑机械化研究所科研办公楼

二、正式更名为中国建筑科学研究院

1979 年 6 月，国务院机构设置调整，国家建委成立国家建工总局，下设科学技术局，并第二次与建研院合并，袁镜身任建研院院长[①]。此时的建研院隶属国家建工总局，并经国家科委批准，正式更名为“中国建筑科学研究院”（以下简称“中国建研院”）。此时，中国建研院共设有建筑结构、地基基础、工程抗震、空气调节、建筑物理、建筑机械化、混凝土、勘察技术、建筑情报、建筑设计、建筑标准设计、农村建筑、建筑经济等 13 个研究所，以及电子计算中心和建筑机具厂。1981 年，中国建研院应深圳市人民政府的邀请，在深圳注册成立了深圳科学技术部。

① 参见《中国建设行业科技发展五十年》，第 350 页。

20 世纪 80 年代的中国建研院全景

20 世纪 80 年代的中国建研院礼堂和图书馆阅览室

三、历史成绩及贡献

这一时期，中国建研院进入调整恢复阶段，机构变化频繁，隶属关系多变，但科研人员非常珍惜恢复工作、重新施展才华的机会，他们无不心潮澎湃、欢欣鼓舞，根据建筑业发展的需要，高质量完成一批重大科研课题，有力推动了我国建设事业的技术进步。

1977 年，国家建委建研院先进集体代表先进工作者合影

1974年，总结中华人民共和国成立以来建筑地基基础、抗震、结构等领域的科技成果和工程经验，编制我国第一本《工业与民用建筑地基基础设计规范》、《工业与民用建筑抗震设计规范》[①]、《工业与民用建筑结构荷载规范》[②]等。1975年海城地震以后，建立工程抗震研究所，负责联合国资助的强震观测台网建设项目，先后在北京、天津、唐山、张家口以及云南等地建立了38个强地震观测台站，提出了对各类建筑和生命线工程抗震安全性的评估方法和综合防御体系，成功研究出大型隔震楼板体系，编制了抗震设计规范、抗震鉴定标准、抗震加固规程，对几百万平方米的重要工程进行了鉴定及加固设计[③]。1977年，主编了我国第一个正式批准试行、在国际上具有首创地位的抗震鉴定标准《工业与民用建筑抗震鉴定标准》[④]。1979年，在对高层建筑结构进行大量研究工作的基础上，主编了《钢筋混凝土高层建筑结构设计施工规定》。

---

① 参见罗开海、黄世敏：《〈建筑抗震设计规范〉发展历程及展望》，《工程建设标准化》2015年第7期，第73—78页。

② 建研院1954年编制的最初版本《荷载暂行规范》以引进吸收国外标准为主。1958年修订后的《荷载暂行规范》规定了荷载系数，提出了全国最大雪深分区图和最大风压分布图。1974年自主研编的《工业与民用建筑结构荷载规范》内容基本本地化且较为完整。1987年版本《建筑结构荷载规范》采纳基于概率的极限状态设计方法，并进行了大规模的荷载调查和活荷载组合方法研究，使本标准进入国际先进标准的行列。现行的2012年版本不仅针对大跨和超高层建筑结构设计需求补充完善了大量风荷载、雪荷载内容，还新增了温度作用和偶然荷载，规范的适应性和技术水准显著提升。参见金新阳、陈凯等：《〈建筑结构荷载规范〉发展历程与最新进展》，《建筑结构》2019年49卷第19期，第49—54页、32页；《建筑结构的荷载》第2、3页；《荷载暂行规范》（规结1—58），第25、26页。

③ 参见《中国建筑年鉴（1984—1985）》，第158—164页，《中国建设行业科技发展五十年》第106—107页，《沉痛悼念徐正忠同志》（2015年7月8日）。

④ 参见罗开海、黄世敏：《〈建筑抗震设计规范〉发展历程及展望》，《工程建设标准化》2015年第7期，第73—78页。

1974 年，主编发布的我国第一本《工业与民用建筑地基基础设计规范》《工业与民用建筑抗震设计规范》《工业与民用建筑结构荷载规范》

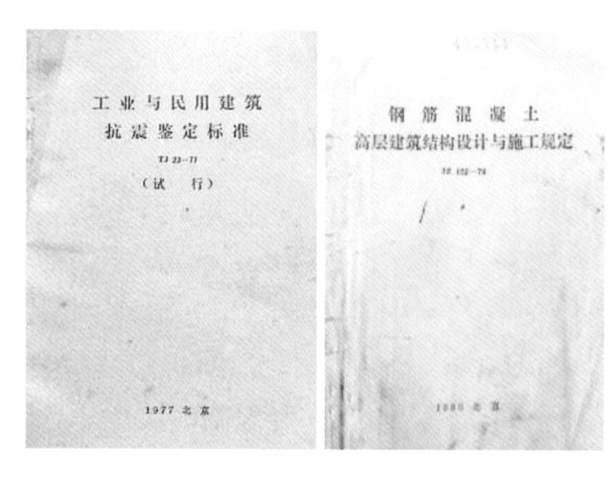

左图为 1977 年建研院主编发布的《工业与民用建筑抗震鉴定标准》；右图为 1979 年主编发布的《钢筋混凝土高层建筑结构设计与施工规定》

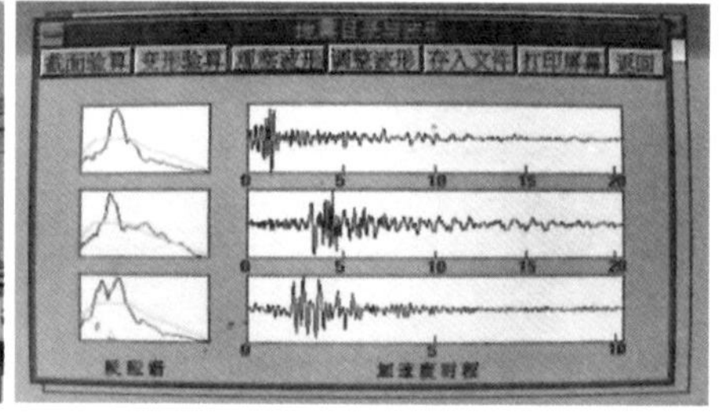

由联合国开发计划署资助建研院建立的北京地区强震遥测台网，建成的数据库可供科研、设计单位选用。图为建研院建立的遥测台网数据中心

20 世纪 70 年代中后期，研究形成了我国首创的“升板建筑盆式升板法”[①]；率先开展建筑门窗物理性能方面研究，成立国内第一个专业研究室，编制了国内第一批建筑门窗物理性能检测方法标准。

1978 年，组织完成建筑全领域全系统的专业发展情况调查分析，提出了 74 项调研报告，为建筑业发展规划决策提供强大支撑[②]；应毛主席纪念堂工程设备科研设计领导小组要求，主导完成非瞻仰时间水晶棺保温系统模拟实验及专用冷风机性能实验、“甲”区净化方案的模拟实验、瞻仰厅照明及投光实验[③]。同年底，派 30 人进场参与国家 1980 年 4~5 核炸效应试验，解决《防空地下室设计规范》存在的主要技术问题，完成四级、五级防空地下室在核炸作用下结构荷载和防护能力确定、测定及相关规律、效应研究[④]。这一年，建研院 44 项成果获全国科学大会奖，包括大板住宅建筑、毛主席纪念堂工程、首都体育馆、湿陷性黄土特性与处理技术、混凝土养护新工艺、空气净化技术和成套设备、45 吨米塔式起重机等[⑤]。

20 世纪 70 年代后期和 80 年代初，组织编纂了《新中国建筑》和《中国古建筑》，修订了《北京古建筑》，重新整理出版了《中国古代建筑史》，受到国内外关注[⑥]。同期，还进行了大面积光栅刻线高精度恒温技术的研究，研制成功精密串级调节及其配套仪表，在国内首次实现了大面积连续 20 昼夜维持 20°C ±0.01°C的高精度恒温环境，技术已接近国

① 参见《中国建筑科学研究院建院三十年》，第 13 页。
② 参见《中国建筑科学研究院建院三十年》，第 5 页。
③ 参见 1978 年中国建研院档案。
④ 参见 1978 年中国建研院档案。
⑤ 参见《中国建筑科学研究院建院四十周年》，第 19—21 页。
⑥ 参见《中国建筑科学研究院建院三十年》，第 5 页。

20 世纪 80 年代左右，开展工业与生物用洁净室技术、空气洁净设备的研究与开发，配合各项工程任务建成的 0.1 微米 10 级洁净室、洁净食品柜等

际先进水平，这是满足高精尖生产要求上的重大突破[①]。

1979 年 5 月，与国家建筑工程总局一局科研所等单位协作，在北京建成了我国第一幢整体预应力装配式板柱结构试验楼。1980 年前后，研制了近百个建筑工程计算机应用程序，完成了 800 多个工程的计算任务；在建筑经济领域成功研制流水网络计划方法，到 1984 年底，该方法已在 1000

我国第一幢整体预应力装配式板柱结构试验楼。图片来自《建筑机械化》1989 年第 3 期

① 参见邹月琴、许钟麟等：《恒温恒湿、净化空调技术及建筑节能技术研究综述》，《建筑科学》1996 年第 2 期，第 45—52 页。

中国建研院为北京光学仪器厂设计的光栅刻线恒温室，在国内首次实现了连续20昼夜维持20℃ ±0.01℃的高精度恒温要求。图为研究人员在光栅刻线恒温室进行实测

多项工程中应用[①]。

20 世纪 80 年代以来，制定了对混凝土中使用的砂、石、水等原材料的质量要求及标准，普通混凝土配合比设计技术规定，以及整套混凝土试验标准、质量标准、质量控制标准、试验仪器设备标准等。此外，在地基方面还提出了地震荷载作用下地基稳定的验算方法，研究开发了桩土复合地基、群桩实用化设计计算方法、箱筏实用计算方法等[②]。

① 参见《中国建筑科学研究院建院三十年》，第 5 页。
② 参见《中国建设行业科技发展五十年》，第 212—213 页。

20世纪80年代，中国建研院混凝土碳化试验室和测孔试验室

中国建研院的七十年

1983—2000 年

沐浴春风 全面改革

第

五

篇

章

党的十一届三中全会确立了改革开放战略方针，中国发生了举世瞩目的变化，国民经济和各项事业快速发展，建设事业进入蓬勃发展的新时期。在1982年召开的党的十二大上，党中央进一步强调“经济建设必须依靠科学技术，科学技术必须面向经济建设”这一战略方针。改革开放的春风吹遍大江南北，也为中国建研院的发展提供了新的机遇。

一、划为城乡建设环境保护部直属单位

1982年5月4日，全国人大第二十三次会议决定撤销国家建委，成立城乡建设环境保护部（以下简称“建设部”[①]），将科学技术局划归建设部管理。

1983年机构调整后，中国建研院召开全院职工大会

① 国务院办公厅1983年印发的《国务院各部门的主要任务和职责》中已确定，城乡建设环境保护部简称为“建设部”。参见《关于重申城乡建设环境保护部简称为“建设部”的通知》（〔86〕城办秘字第102号）。

1983 年，中国建研院主楼

1983 年 5 月，按照建设部党组指示和部科学技术局部署，徐正忠[①]、李承刚分别担任中国建研院院长、党委书记。同年 6 月，为适应我国社会主义现代化建设的需要，建设部发布《关于调整中国建筑科学研究院组织机构的通知》，决定按业务性质将中国建研院调整划分为建设部的 4 个直属单位，分别是：中国建筑科学研究院、中国建筑技术发展中心、建设部建筑设计院和综合勘察院。调整后的中国建研院，办公地址由北京市车公庄大街 19 号迁至安外小黄庄路 9 号，设立建筑结构、地基基础、工程抗震、空气调节、混凝土、建筑物理、建筑机械化（河北省廊坊市）以及电子计算中心等研究所和建筑机具厂，组成了临时党委与筹备领导小组。同时，将原归属中国建研院的建筑情报、建筑标准设计、农村建筑、建筑经济等研究所划归新组建的中

① 1986 年 4 月 29 日，徐正忠任城乡建设环境保护部科学技术局局长，卸任中国建研院院长，参见《关于徐正忠等二同志任免职务的通知》（〔83〕城干字第 213 号）。

国建筑技术发展中心，地址设在北京市车公庄大街 19 号；建筑设计研究所划归新组建的建设部建筑设计院，地址设在北京市百万庄的建设部北配楼；勘察设计所划归新组建的建设部综合勘察院，地址设在北京市宽街山老胡同 7 号。

随后，中国建研院确定了新的科研发展指导方针，即以房屋建筑产品为主要研究对象，以应用研究为主，着重解决建筑工程中量大面广和重大工程建设中的技术关键问题，为设计施工服务；围绕技术立法，进行必要的基础研究与实验数据积累，为建筑工程设计与施工编制技术标准和规范；发挥测试技术与设备优势，开展建筑产品性能和工程质量检测工作；推广科研成果，开展技术咨询和技术服务工作。在此方针指导下，中国建研院以“调整”与“整顿”为中心，调整了各研究所的研究领域，建立了职能部门和学术机构，调整、配套和健全了各职能处室和研究所的领导班子，明确了方向任务。截至 1983 年末，全院干部职工人数达 1300 余人。

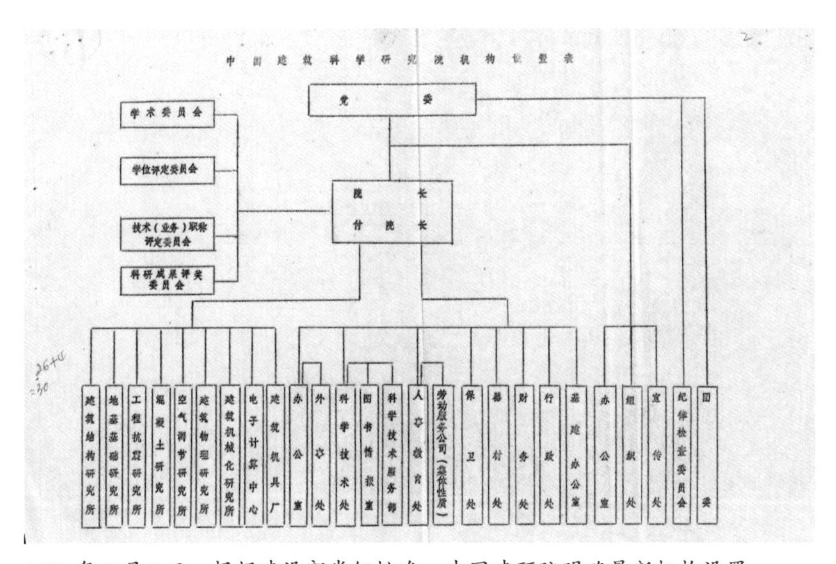

1983 年 8 月 8 日，根据建设部党组批准，中国建研院明确最新机构设置

二、探索开辟新的研究领域

1983 年机构调整后，中国建研院开始了积极的探索和实践，不断深化科学研究，开辟新的研究领域，设立新的下属单位，特别是通过实施一系列改革，综合实力不断增强，各项工作步入良性循环发展轨道。1984 年以来，相继成立了国家建筑工程质量监督检验中心、国家空调设备质量监督检验中心、国家电梯质量监督检验中心、国家化学建材测试中心（建工测试部）等 4 个国家级质检中心，成立了国家建筑工程技术研究中心、建筑行业生产力促进中心、建设部防灾研究中心[①]等，还设立了院内部应用研究、继续开发、青年科技三种自筹科研

20 世纪 80 年代，国家空调设备质量监督检验中心获国家技术监督局审查认可

① 1990 年 11 月，建设部同意成立建设部防灾研究中心，机构设在中国建研院。1998 年，中国建研院申请将“建设部防灾研究中心”更名为“建设部防灾抗震研究中心”，此后以该名称开展工作，后随住房和城乡建设部设立，更名为“住房和城乡建设部防灾研究中心”。参见《关于同意成立建设部防灾研究中心的批复》（〔90〕建人字第 595 号）、《关于申请将“建设部防灾研究中心”更名为“建设部防灾抗震研究中心”的报告》（〔98〕建院人字第 18 号）。

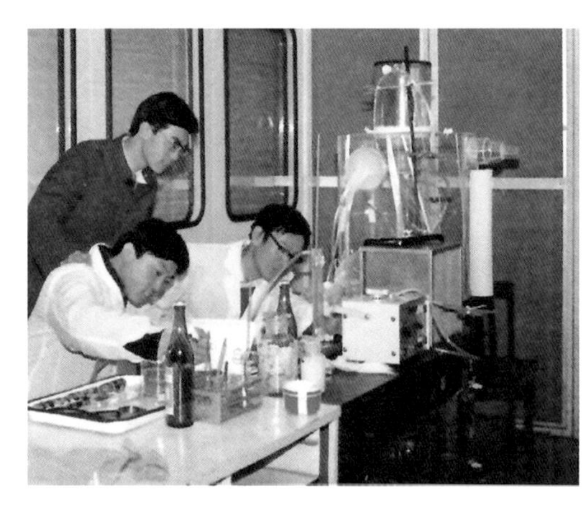

20 世纪 80 年代，中国建研院青年科研人员在进行科学试验

基金及青年科研基金。这些机构的成立和科研基金的设立，不仅使中国建研院的科技工作直接为行业技术立法、执法服务，还为不同领域、不同层次的科技人员创造了施展才华的舞台。

三、科学技术体制改革

1985 年 3 月，《中共中央关于科学技术体制改革的决定》发布，对科研体制、方针政策提出了根本性的改革要求。在运行机制方面，要求改革拨款制度，开拓技术市场，克服单纯依靠行政手段管理科技工作，国家包得过多、统得过死的弊病；在组织结构方面，要求改变研究机构与企业相分离，研究、设计、生产等脱节的状况，大力加强技术成果转化为生产力的能力；在人事制度方面，要求克服“左”的影响，扭转对科技人员限制过多、人才不能合理流动、智力劳动得不到应有尊重的局面，营造人才辈出、人尽其才的良好环境。这一年，中国建研院在深圳注册成立了深圳科研设计部，与之前成立的深圳科学技术部一道，作为深圳市政府的技术依托单位，主要从事深圳市建设领域技术政策的研究和标准规范的编制工作，同时开展关键技术的研究和咨询，为深圳特区的城市建设作出了一定努力和贡献。1986

年6月，徐培福、李承刚分别任中国建研院院长、党委书记。

经过两年的“调整”和“整顿”，1986年以后，中国建研院的科研、开发工作开始走向正轨，开始了新的实践探索。面对新形势新任务，中国建研院积极实行科技体制改革，推行横向合作[①]，总体上经历了从“四技”[②]到全方位技术开发，再到“科研、设计、施工”一体化和“技、工、贸”一体化运行机制的转变。

20世纪80年代，建筑机械化研究所成为科研体制改革试点单位

中国建筑科学研究院文件

(87)建院院字第4号

印发“中国建筑科学研究院深化科技体制改革要点（试行）”的通知

本院各所（厂、中心、部）处（室）：

现将“中国建筑科学研究院深化科技体制改革要点（试行）”印发给你们，请组织全体职工认真执行。执行中如有改进意见，请及时向院办公室反映。

一九八七年四月二十二日

中国建筑科学研究院
深化科技体制改革要点
（试行）

《中共中央关于科技体制改革的决定》发布一年多来，我院在贯彻经济建设必须依靠科学技术，科学技术工作必须面向经济建设的战略方针、实行科研与生产相结合方面取得了较好的效果。为适应形势发展的要求，进一步调动全院职工的积极性，更好地开拓业务，有必要积极、慎重地探索深化科技体制改革的路子。为此，提出今后我院深化科技体制改革要点如下：

一、院的性质和发展方向

1.我院是国内最大的综合性建筑技术科学研究机构，对建筑业的发展有较大影响。院的发展方向是成为建筑行业技术的研究开发中心。围绕此目标，经逐步实行分类管理和机构调整，形成建筑工程综合技术与建筑产品的研究开发以及行业公益性技术研究两大业务体系。在业务工作中要突出为行业服务，坚持做到“两手抓”：一手抓规范检测，一手抓研究开发良性循环，两者相辅相成，既反映院的技术权威性，又保持院较高的技术水平和在技术市场中的地位，充分发挥我院

－1－

1986年以后，中国建研院结合形势发展要求，提出深化科技体制改革要点

① 参见《中国建设行业科技发展五十年》，第211页。
② 指技术转让、技术开发、技术咨询、技术服务。

1986 年，中国建研院学术委员会讨论工程方案

1987 年，我国建筑业推广鲁布革工程管理经验。中国建研院作为国务院五部委批准的 18 家试点企业中的唯一一家科研单位，主动面向市场，围绕加速科技成果转化深化改革，在机构设置、人员配备上进行了重大调整，先后组建了一批技术密集型和高新技术开发机构，包括中国建筑技术开发公司、综合设计研究所、凯勃建设监理公司等共 31 个专业工程公司和商贸公司，依靠全院 10 个研究所提供的成果进行开发，直接从事工程勘察、工程设计、专业施工、工程监理、工程总承包以及产品的研制、生产和经销，为院科技成果直接进入市场发挥了重要促进作用。

20 世纪 90 年代初，中国建研院综合设计研究所水暖专业设计人员合影

科技体制改革极大释放了发展活力，提高了中国建研院的整体效益。1990 年，院技术开发交易额名列北京市第 10 位。1991 年，院深圳科学技术部和深圳科研设计部合并后注册成立了深圳分院，作为中国建研院最早设立、规模最大的外埠机构，一直为深圳市的城市建设和经济发展提供技术支持和服务，并进行了大量的技术推广与工程实践。1994 年，院主楼落成，职能部门和部分研究所迁入主楼办公、试验。1995 年 5 月 6 日，全国科学大会召开，院作为建设部唯一的研究单位，代表部作《深化机制改革 加速科技成果转化》经验介绍。

1994 年，建成的中国建研院主楼

1993 年 4 月，陈肇基担任中国建研院党委书记。1998 年 10 月，王铁宏、袁振隆分别任中国建研院院长、党委书记。

四、划归中央企业工委管理

1999 年，根据党中央、国务院关于中央党政机关与所办经济实体脱钩的精神，中国建研院与建设部正式脱钩，划归中央企业工委管理[①]。

① 参见《住房和城乡建设部历史沿革及大事记》，第 683 页。

五、历史成绩及贡献

这一时期，中国建研院正确把握历史机遇，面向经济建设主战场，积极探索切合实际的改革发展道路，全院干部职工锐意改革创新，使院发展成为人才济济、领域齐全、全国最大的综合性建筑科学研究机构，为改革开放新时期我国建设事业作出了重要贡献。

1993 年，庆祝中国建研院成立 40 周年大会

完成一批重大工程建设项目。通过综合设计、工程承包和专项施工等，积极推广应用科研成果和检测技术，先后完成了燕莎中心、中华世纪坛和中国银行总部等一批标志性项目的设计，参与了中国科技馆新馆、首都国际机场候机楼、上海国际大厦、广州天河广场、浙江省黄龙体育中心、深圳华民大厦以及阿尔及利亚水塔等国内外主要城市的标志性工程建设。

左图为中国建研院设计并负责预应力施工技术指导的阿尔及利亚 2500 立方米预应力混凝土球形水塔；右图为中国银行总部大厦外景

编制一批行业标准规范。1984 年，颁布实施《建筑结构设计统一标准》，助推我国建筑结构、设计方法进入世界先进行列[①]。20 世纪 80 年代到 90 年代末，先后更新《建筑结构荷载规范》《建筑抗震设计规范》《混凝土结构设计规范》等一批工程领域重要规范。此外，还主编了第一代建筑声、光、热环境标准，其中，在建筑声环境方面，先后主编《住宅隔声标准》《民用建筑隔声设计规范》《建筑吸声产品的吸声性能分级》等；在建筑光环境方面，先后主编《工业企业采光设计标准》《建筑采光设计标准》《工业企业照明设计标准》《民用建筑照明设计标准》等；在建筑热环境方面，先后主编《建筑气候区划标准》《民用建筑热工设计规程》等。

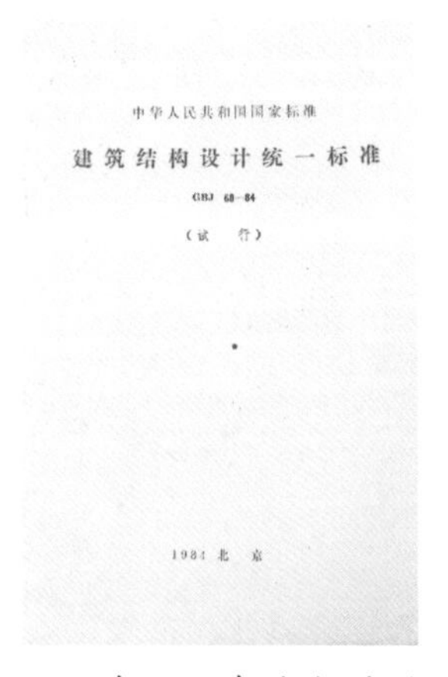

中华人民共和国国家标准

建筑结构设计统一标准

GBJ 68－84

（试 行）

1984 北 京

1984 年，颁布试行的国家标准《建筑结构设计统一标准》

① 参见《中国建筑科学研究院建院三十周年》，第 14 页。

20 世纪 80 年代，中国建研院在声光热方面强化试验研究，用人造天穹测定日照，开展音质模型试验和建筑材料热物理性能试验

研究开发建筑工程系列软件。1986 年，启动 8 个部委 35 个单位参加的建筑工程设计软件包研发工作，研制成我国建筑业当时最大、最具系统性、技术上也居于前列的应用软件系统，具有通用与专用特点。1988 年，开发出 PKPM 软件 (一开始分为 PK 和 PM 两个模块)。到 20 世纪 90 年代末，研究开发的建筑工程 CAD 软件，已经占据了国内 90% 的设计市场[①]。

① 参见《一九八六年至一九九六年我国建筑工程设计 CAD 技术进步的十年回顾》，第 12 页；《中国建筑科学研究院建院四十周年》，第 10 页；《中国建筑科学研究院建院三十年》，第 4 页。

上图为20世纪90年代初“甩图版”前，中国建研院设计人员使用“趴图板”绘制深圳外贸大厦暖通专业图纸；下图为用PKPM系列CAD系统（当时国内建筑设计应用最广泛的集成化CAD系统）设计的建筑

为建筑防灾减灾提供技术支撑。1984年，成立建筑防火研究部，并在联合国开发署资助下，建立了材料、结构、防排烟、防火报警等实验室，开展研究、开发、评估、设计、检测等相关工作[①]。20世纪90年代，提出了我国沿海台风区划图和低造价房屋抗台风的措施[②]。1998年开始，国家计委正式启动“首都圈防震减灾示范区”重点项

① 参见《中国建筑科学研究院建院四十周年》，第2页。
② 参见《中国建筑科学研究院建院四十周年》，第6页。

目[①]，中国建研院配合国家计委进行了既有建筑抗震设防标准、抗震鉴定方法、抗震加固新技术研发，并完成了中国革命历史博物馆、北京火车站、政协礼堂、北京饭店等新中国成立初期“十大建筑”、中央在京机关办公楼、在京医院、学校等重要建筑的抗震鉴定与加固改造设计工程。

中国建研院建筑防火研究部老楼

全国政协礼堂。中国建研院对新中国成立初期“十大建筑”等重要建筑物进行鉴定，提出结构加固和功能改善方案，其中包括政协礼堂

① 示范区包括北京、天津、河北部分城市，这里是我国政治、经济、文化中心，人口稠密，经济发达，同时又是我国东部地震活动较为频繁、地震灾害较为严重的地区。参见程绍革：《首都圈大型公共建筑抗震加固改造工程实践与回顾》,《城市与减灾》2019年第5期，第39-43页。

研发一批成套的地基技术。20世纪80年代以来，提出了地震荷载作用下地基稳定性的验算方法。同时，从桩基的设计、施工到检测形成了系列化成套技术，尤其是80年代后期研究开发成功沉渣检测仪、FEI系列高低应变动测系统和泥浆护壁灌注桩后注浆技术[①]，把桩基的设计、施工、检测系列配套技术提高到一个新的水平。在地基处理领域，先后研发了CFG桩复合地基、夯实水泥土桩复合地基、多桩型复合地基和高填方填筑地基处理技术以及饱和盐渍土地基处理技术等多项地基处理新技术、新工艺，为我国地基处理技术的发展作出了突出的贡献。

左图为中国建研院负责强夯试验方案设计、施工指导及试验研究的大连石化七厂现场，工程采用大块抛石填海强夯技术处理地基施工，当时中国建研院还开展对强夯法、振冲法、灌浆法、沉管碎石桩、石灰桩等多种地基处理方法的研究，为处理各种地基提供了科学依据；右图为国家七五重点工程蓟县发电厂冷却塔，采用中国建研院研发的CFG桩复合地基

研究推广一批建筑节能技术。20世纪80年代初，中国建研院就开始进行住宅采暖节能技术研究，制定了我国第一个建筑节能标准《民用建筑节能设计标准》；在墙体、门窗、屋面与地面、管网水力平衡、空调节能及太阳能利用方面，研究开发了一系列材料、技术，并进行

① 参见《中国建设行业科技发展五十年》，第212页。

20世纪80年代后期，中国建研院地基领域专家开展的振动三轴试验及数据处理工作

推广[1]。同期，开始研究楼宇自动化技术，首次在国内完成大型现代化建筑监控系统的工程设计。

图为北京京城大厦楼宇自动化系统（BAS）中央监控室，右上角为京城大厦。中国建研院负责该工程的空调、冷热源、给排水、电力、安保、消防联锁自控及其集中监控设计

研究推广一批预应力成套技术和理论。20世纪80年代初至90年代末，中国建研院技术人员针对高强预应力钢材的规模化生产和应用，联合相关单位成功解决了高强度、低松弛预应力钢绞线的张拉锚固关键技术难题，特别是大吨位钢绞线束群锚体系成套技术和无粘结单根钢绞线成套设计施工技术，发展了部分预应力设计理论，

① 参见《中国建筑科学研究院建院四十周年》，第10页。

研究提出了收缩、徐变对结构影响的设计计算建议，极大地促进了我国预应力技术的提升和规模化应用，使我国预应力技术总体达到国际先进水平。1988 年初，预应力钢绞线群锚张拉锚固体系（QM 体系）成果被《科技日报》评选为 1987 年度全国十大科技成就之一。

研发应用一批钢筋技术及产品。20 世纪 80 年代末期，针对中央电视塔竖向钢筋连接需要，研发了钢筋冷挤压连接技术，此后研发的锥螺纹连接技术在一大批国家重点工程（如广东虎门大桥、北京首都国际机场 T2 停车楼）应用。20 世纪 90 年代中期，研发的钢筋镦粗直螺纹连接技术是对钢筋机械连接技术的一个突破性发展，达到了螺纹连接并实现了等强目的，应用于核电站、长江大桥等国家重点项目。到 90 年代末，相继研发成功剥肋滚轧螺纹连接技术、直滚滚轧螺纹连接技术，并实现大量应用。

研发应用一批建筑机械设备。20 世纪 80 年代以来，研发的“凯博”登机电梯、GWC 系列钢筋网成型机、高层建筑擦窗机、多功能施工升降机等一系列施工机械产品在全国十几个省市广泛使用；研究开发的供暖应用技术和自行研制生产的平衡阀、智能仪表，有效解决了北方冬季供暖温度不平衡的关键技术问题。20 世纪 90 年代末，开发的 GWC1250—3300 系列钢筋网自动焊接成型机成套设备在国内已经建成 30 条生产线，国内市场占有率约 80%。

1995 年 6 月和 1997 年 10 月，中国建研院岩土工程专家黄熙龄、工程抗震专家周锡元分别当选为中国工程院院士、中国科学院院士。

上图分别为南京长江大桥和田湾核电站，采用了中国建研院钢筋连接技术产品

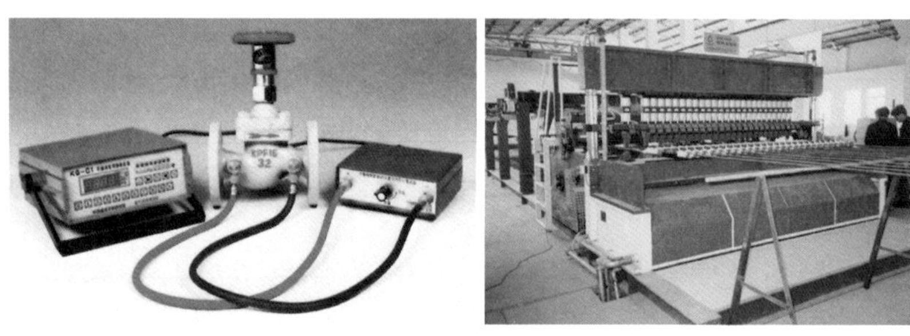

上左图为中国建研院研制的供热水系统平衡供暖技术专用设备——平衡阀及其智能仪表；右图为中国建研院自主研发的 GWC1250 型钢筋网成型机

中国建研院的七十年

2000—2012 年

面向市场
改企转制

从21世纪开始，我国进入了全面建成小康社会、加快推进社会主义现代化的新的发展阶段。2000年，“九五”计划的主要任务完成或超额完成，我国成功实现由计划经济体制向社会主义市场经济体制的转变，社会主义市场经济体制基本框架初步建立，经济和社会发展的体制环境发生重大变化。

一、由科研事业单位转制为中央企业

按照党中央、国务院关于应用开发型科研院（所）转制为科技型企业的科技体制改革战略部署和《关于印发建设部等11个部门（单位）所属134个科研机构转制方案的通知》文件精神，中国建研院自2000年10月1日起，由科研事业单位转制为中央直属的科技型企业。11月，院党组织隶属关系从建设部直属机关党委正式移交中央企业工委。

二、明确新的定位和发展目标

改企转制后，中国建研院及时调整战略部署，进一步深化全院改革，顺利实现了从科研事业单位向科技型企业的历史性转变，进入了全新的发展时期。结合自身改革和发展实际及行业特点，明确了定位和发展目标，即以“我国建设事业国家级科研院所，具有国际知名度的科研机构，具有适应市场应变能力并不断创新的科技型企业”为定位，以“适应改企转制和建设事业迅猛发展的国家级科技型企业；能够承担建设事业重大科技平台研究，担纲建设事业科技先导；承担建设事业标准规范研究、编制和管理任务，成为建设事业的技术支撑单位；承担国家级质检中心职能，做好行业质量管理的技术支撑；形成良好的企业文化，成为一流的科技团队和开发团队，并不断开拓市场，促进科研—转化良性循环发展”为发展目标。

2000 年，中国建研院年度工作总结暨表彰大会

三、面向市场进一步深化体制改革

2001 年以来，中国建研院积极探索建立科研与经济有效结合的机制，通过机构重组、调整内部结构、转换运行机制，改制和组建了建研科技股份有限公司、中国建筑技术集团有限公司、建研建筑设计研究院有限公司、建研地基基础工程有限责任公司、北京建筑机械化研究院、建研抗震工程技术有限公司、建研凯勃建设工程咨询有限公司等一批全资和控股公司。2001 年 8 月，中国建研院取得企业法人执照。

2002 年，党的十六大召开，更加明确提出我国要全面实现小康社会的奋斗目标，为建设行业高新技术的推广和产业化提供了广阔的市场前景。基于此，中国建研院进一步深化科技体制改革，推动科技成

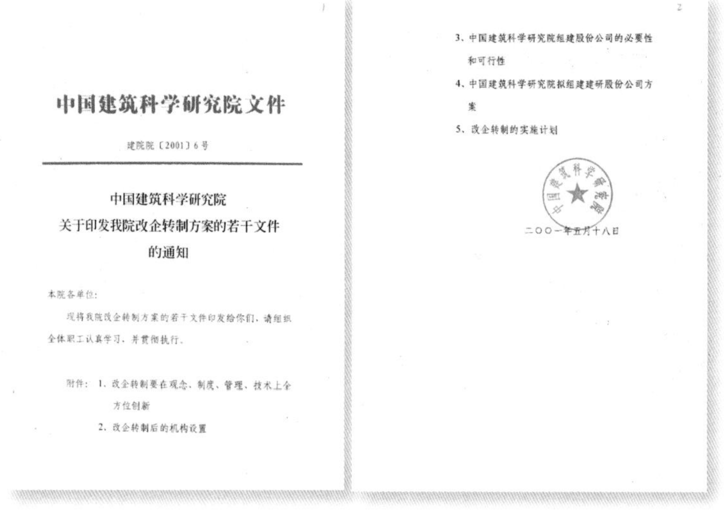

1

中国建筑科学研究院文件

建院院〔2001〕6号

中国建筑科学研究院
关于印发我院改企转制方案的若干文件
的通知

本院各单位：

现将我院改企转制方案的若干文件印发给你们，请组织全体职工认真学习，并贯彻执行。

附件：1、改企转制要在观念、制度、管理、技术上全方位创新
2、改企转制后的机构设置

2

3、中国建筑科学研究院组建股份公司的必要性和可行性
4、中国建筑科学研究院拟组建建研股份公司方案
5、改企转制的实施计划

二〇〇一年五月十八日

2001年，中国建研院明确改企转制思路，印发院改企转制方案的若干文件

果产业化，努力实现“四个创新”“三个加强”“三个强调”[①]。在建筑结构、工程抗震、地基基础、建筑物理、住宅体系及产品、智能化建筑、建筑CAD、建筑环境与节能、建筑机械与施工、新型化学建材、建筑防火、建筑装修等专业中的79个研究领域开展科学研究工作。此时，国家级质检中心——国家建筑工程质量监督检验中心、国家空调设备质量监督检验中心、国家电梯质量监督检验中心、国家化学建筑材料测试中心（建工测试部）、国家级太阳能质量监督检验中心（筹建中），以及全国超限高层建筑工程抗震设防审查专家委员会办公室等均设在中国建研院。中国建研院已与30多个国家和地区的有关机构

① 四个创新，即观念创新、制度创新、管理创新、技术创新；三个加强，即加强重大技术平台工作、加强标准规范工作、加强国家级质检中心工作；三个强调，即强调国有经济控制核心能力、强调建立现代企业制度、强调完善人才激励与约束机制。

建立了科技合作关系。

2002 年、2003 年，因在国家级科研院所改革等工作中具有一定代表性[①]，中国建研院连续两年在全国建设工作会议上作书面发言。

四、划归国务院国资委管理

2003 年 3 月 24 日[②]，根据第十届全国人民代表大会第一次会议批准的国务院机构改革方案和《国务院关于机构设置的通知》，国务院成立国有资产监督管理委员会（以下简称“国务院国资委”），撤销中央企业工委。4 月，中国建研院改由国务院国资委管理[③]，设有建筑结构、地基基础、工程抗震、建筑材料及制品、建筑物理、空气调节、建筑防火、建筑装修等研究所和建筑机械化研究院、深圳分院、上海分院、检测实验中心、标准规范研究中心等研究单位以及科技干部培训中心，还在珠海、中山、厦门、天津等地设有科研设计开发部门。

此时的中国建研院，进入了一个新的发展时期，踏上了企业化管理的新征程。全院的机构重组和结构优化工作取得了实质性进展。推行股份制，试行竞聘上岗与目标管理，在科研经费、人员配备、工资报酬等方面对首席专家予以倾斜，充分调动了全体职工的能动性、创造性。如将结构所整体改制为建研科技股份有限公司，电子计算中心整建制进入股份公司；对抗震所进行改制，设立建研抗震工程技术有限公司；将所属机械化分院与建设部建筑机械综合所合并重组，成立北京建筑机械化研究院；对建材所和装修所分别进行

① 参见《深化国家级科研院所改革 适应支柱产业科技发展要求》，《中国勘察设计》2003 年第 2 期，第 29—32 页。

② 参见《中国国有企业简史（1949—2018）》，第 389 页。

③ 参见《住房和城乡建设部历史沿革及大事记》，第 683 页。

了机构重组。截至 2003 年底，全院职工人数达 1136 人，其中专业技术人员 808 人。

国有企业改革的方向是建立适应市场经济要求，产权清晰、权责明确、政企分开、管理科学的现代企业制度。2004 年，中国建研院按照建立现代企业制度的要求，制订完善《院企业负责人年度薪酬管理暂行办法》等适应企业发展的规章制度，全面试行企业会计制度，加大审计监督力度；对部分二级单位试行了改造，成立了建研防火设计性能化评估中心有限公司，与内蒙古城市规划市政设计研究院共同出资设立了院控股的建研城市规划设计研究院有限公司，尝试产权结构多元化的改革，初步建立了现代企业运行机制，大多数改制单位的企业规模不断扩大，市场占有率不断扩展。7 月，建研科技股份有限公司获“2004 年中国软件产业最大规模前 100 家企业”，是面向建筑业的软件开发商中唯一入选百强的企业。8 月，中国建筑技术集团有限公司进入全国工程勘察设计企业营业收入前 10 名。

到 2005 年底，中国建研院落实国务院国资委兼并重组、整合、董事会试点建设[①]等改革要求，对各院属机构进行改制，对全资和控股公司进行评估、清退、整合，并设立董事会、选派董事，全资和控股公司从原来的 11 家发展为 12 家[②]，分别为：建研科技股份有限公司、中国建筑技术集团有限公司、建研地基基础工程有限责任公司、建研建筑设计研究院有限公司、北京建筑机械化研究院、建研抗震工程技术有限公司、建研建材有限公司、建研凯勃建设工程咨询有限公司、建研防火设计性能化评估中心有限公司、建研城市规划设计研究院有限公司、建科实业有限公司、中国建设物资北京公司。这一年，

① 参见《中国国有企业简史（1949—2018）》，第 396—401 页。
② 对建材所资产评估后，成立了建研建材有限公司。

中国建研院国有资本保值增值率、净资产收益率分别达到 110.30%、14.80%，全院职工人数达 2345 人，其中专业技术人员 1766 人。

五、明确主要任务和新的战略定位

2005 年以后，中国建研院明确了主要任务，即“面向全国的建设事业，以建筑工程为主要研究对象，以应用研究和开发研究为主，致力于解决我国工程建设中的技术关键问题；负责编制与管理我国主要的工程建设技术标准和规范；开展行业所需的共性、基础性、公益性技术研究；承担建筑工程、空调设备、电梯、化学建材和太阳能热水器的质量监督检验、测试及产品认证业务”。

随着国家“十一五”规划的推进，建设领域改革与发展进入了新的阶段。2006 年，按照党中央、国务院总体战略部署以及国务院国资委、建设部具体指导意见，中国建研院认真分析国内外形势，总结经验、统一思想，制定了战略规划，确立了“成为政府技术依托，引领行业科技发展，具有持续创新能力和市场竞争力的科技型企业”的战略定位，明确了发展方向、使命和经营理念。

2005 年 10 月，党的十六届五中全会正式将建设资源节约型、环境友好型社会确定为国民经济与社会发展的一项战略任务。中国建研院抓住“资源节约型和环境友好型社会”这一契机，于 2006 年 8 月将空调所和物理所重组为“建筑环境与节能研究院”，及时调整科技发展方向，延伸扩展业务链。截至 2006 年底，中国建研院负责和参与“十一五”国家科技支撑计划重大或重点课题 62 项，创历史最高水平，其中不少课题涉及建筑节能、城镇人居环境改善与保障、绿色建筑、环境友好建材、农村新能源开发利用等领域。此时的中国建研院共有设计、勘察、施工、检测、监理及对外经济合作资质 46 个。

中国建筑科学研究院文件

建院人〔2006〕13号

中国建筑科学研究院
关于成立"中国建筑科学研究院建筑环境
与节能研究院"的通知

本院各单位:

为适应市场的发展与需求，发挥综合技术优势，经院务会议研究决定：成立"中国建筑科学研究院建筑环境与节能研究院"。林海燕任建筑环境与节能研究院院长，徐伟任常务副院长，赵建平、路宾、邹瑜任副院长。

特此通知

二〇〇六年八月三日

中国建筑科学研究院　　2006年8月3日印发

2006 年 8 月 3 日，为适应市场的发展与需求，
成立建筑环境与节能研究院

2007 年，在战略规划的总体指导下，中国建研院确立了主业，将各项科研、生产活动纳入制度化管理轨道，为各项工作开展打下了良好的基础。按照科技部《关于依托转制科研院所开展企业国家重点实验室建设试点工作的通知》要求，筹建"建筑安全与环境国家重点实验室"，进一步巩固中国建研院在建筑科技领域的领先地位。成立中国建研院认证中心，标志着我国建设工程产品认证认可工作全面启动。此时，包括新获准筹建的全国建筑幕墙门窗标准化技术委员会、全国混凝土标准化技术委员会、全国建筑节能标准化技术委员会、中国工程建设标准化协会建筑节能专业委员会、建筑防水专业委员会等 9 个技术委员会（分技术委员会）在内，共有 37 个全国性二级以上学会、22 个三级学会设在或挂靠在中国建研院。

中国建研院认证中心在京揭牌仪式合影

2008 年、2009 年，中国建研院克服国际金融危机等诸多不利因素影响，通过降本增效、深化改革、科学发展等措施，综合实力不断提升。在经营管理方面，完成了建研科技股份有限公司、建研抗震工程技术有限公司、建研建材有限公司 3 家公司合并重组，完成了建研科技股份有限公司、中国建筑技术集团有限公司、建筑环境与节能研究院、北京建筑机械化研究院所属有关公司的国有股权变更等审批工作，成立了西南分院和天津分院，取得了北京市科技研究开发机构认定资格证书，不断扩大市场占有率。在基础设施建设方面，完成了建筑安全与环境国家重点实验室相关配套设施建设，其中风洞、幕墙、防火实验室投入使用，北京建筑机械化研究院廊坊开发区生产基地建成并投入使用，建材实验室竣工，抗震实验室完成拟动力试验 L 形双向反力墙建设，环境与节能实验室启动建设。2009 年，正式开工启动建设新科研楼。2008 年底，全院经贸类项目及进出口项目等收入突破 1 亿元人民币。

到 2009 年底，中国建研院已是 9 个国家科技支撑计划项目的实施专家组组长单位和管理办公室挂靠单位。全院职工人数达 4017 人，其中专业技术人员 3280 人。

2010 年，国家“十一五”发展规划顺利收官，国内生产总值年均增长 7.5%，GDP 居世界的位次由 2005 年的第四位上升到第二位，为“十二五”规划铺开做好了充分准备。中国建研院把握发展契机，在总结院“十一五”发展战略与规划实施效果的基础上，完成了院“十二五”发展战略与规划的编制工作，制定了管控模式、科技发展和人才培养实施计划。2010 年 4 月，对职能部门机构设置和主要职责、院属公司和机构管理职责进行了优化调整，由院直接管理各公司、事业部、外埠机构，授权相关单位管理各研究所、质检中心。将建研凯勃建设工

国家建筑节能质量监督检验中心揭牌仪式合影

程咨询有限公司股权转让给中国建筑技术集团有限公司。6 月，成立海南分院。10 月，成立国家建筑节能质量监督检验中心。截至 2010 年底，中国建研院全资和控股公司调整为 10 个[①]，已是 11 个国家科技支撑计划项目的实施专家组组长单位和项目管理办公室挂靠单位，组织验收了部分“十一五”国家科技支撑计划项目和课题。

根据中国建研院“十二五”发展战略与规划，2011 年，院逐步加强对设计、检测、绿色建筑咨询等业务管理体系的调整，有效利用设计资源，调整了设计业务管理模式，明确了各单位使用院资质从事设计业务的管理要求，将院名义检测业务纳入检测中心管理，明确机构职责与人员管理要求。这一年，中国建研院被列为北京市绿色建筑评价标识技术依托单位。

到 2012 年底，中国建研院明确了外埠分院开展设计、检测、认证业务等相关管理办法和工作流程，以及建筑设计院和检测中心作为院技术依托单位的管理责任和要求，为二级单位扩展业务范围、增加市场触角提供了制度保证。院设有建筑结构研究所、地基基础研究所、工程抗震研究所、建筑材料研究所、建筑防火研究所和建筑环境与节能研究院、建筑设计院、建筑机械化研究分院、建筑工程检测中心、科技研发中心、认证中心、培训中心、绿色建筑技术中心等机构，设有深圳分院、上海分院、西南分院、天津分院、厦门分院、海南分院以及西北分院等外埠分支机构，拥有建研科技股份有限公司、中国建筑技术集团有限公司、建研地基基础工程有限责任公司、北京建筑机械化研究院、建研城市规划设计研究院有限公司、建科实业有限公司、中国建设物资北京公司等 7 家等全资和控股子公司。同时，设在院的

① 含中国建筑科学研究院天津分院。

住房和城乡建设部[①]强制性条文协调委员会及建筑结构、建筑地基基础、建筑环境与节能、建筑施工安全专业标准化技术委员会全部成立。这一年，中国建研院被科技部、国资委、全国总工会确定为第五批创新型试点企业，代表我国加入国际能源署太阳能供热制冷实施协议，全院职工人数达4948人，其中专业技术人员4126人。

此外，随着环境与节能实验室及相关配套设施顺利竣工并投入使用，建筑安全与环境国家重点实验室也完成了科技部组织的建设验收，顺利挂牌中关村开放实验室[②]。

中国建研院建筑安全与环境国家重点实验室入口及俯视图

2004年9月，王铁宏调建设部任职，袁振隆主持中国建研院行政工作。2005年9月，王俊任中国建研院院长。2009年12月，李朝旭任中国建研院党委书记。

六、历史成绩及贡献

这一时期，中国建研院逐步形成了以科研与标准、咨询与服务、

① 2008年3月15日，根据十一届全国人大一次会议通过的国务院机构改革方案，“建设部”改为“住房和城乡建设部”，简称“住房城乡建设部”。

② 由中关村管委会与中国科学院北京分院共建。

规划与设计、施工与监理、检测与认证、软件与信息化、建筑设备与材料为主的七大业务板块，全体干部职工意气风发、干劲十足，努力满足我国建筑科学技术方面的需要，高质高效完成了一大批科研任务、形成了一系列高水平科技成果，推动了我国建设事业的科技进步。

编制大量标准规范。2001 年，建设部为适应全国建设事业迅速发展的需要，要求对 20 世纪 80 年代编制的工程建设标准规范进行全面修订，中国建研院承担了其中 40% 的标准修订任务，多为龙头型、基础性标准。2004 年以来，主编了多项具有开创意义的标准，主编的《生物安全实验室建筑技术规范》改变了长期以来我国在生物安全实验室

中国建研院研发的多功能施工升降机在新疆三建阜康甘河子电厂 180 米在建烟囱施工作业

建设、建筑技术方面缺乏统一标准的局面[①]；主编的《住宅建筑规范》是我国第一部以住宅建筑为一个完整对象，从住宅性能、功能和目标的基本技术要求出发，在现有强制性条文和现行有关标准的基础上全文强制的工程建设国家标准；主编的《绿色建筑评价标准》是我国第一部从住宅和公共建筑全寿命周期出发，多目标、多层次对绿色建筑进行综合性评价的推荐性国家标准[②]；主编的《建筑节能工程施工质量验收规范》是我国第一部涉及多专业、以达到建筑节能设计要求为目标的施工验收规范，为推动建筑工程领域的节能打下了基础。此外，还主编了我国第一部《生物安全柜》产品标准、第一部公共建筑节能设计的综合性国家标准《公共建筑节能设计标准》[③]。

中国建研院主编的《生物安全实验室建筑技术规范》《住宅建筑规范》《绿色建筑评价标准》

① 参见中国疾病预防控制中心《实验室生物安全的相关规范与标准》。

② 参见《我国〈绿色建筑评价标准〉将于 2006 年 6 月 1 日实施》。中央人民政府网 https://www.gov.cn/govweb/jrzg/2006—05/11/content_278395.htm。

③ 参见《国家建筑节能检测标准将于 7 月 1 日起实施》，《科技成果管理与研究》，2010 年第 6 期。

参与系列重大科研课题研究。“十一五”期间，我国在“城镇化与城市发展”领域立项科技支撑计划共32个项目264个课题，中国建研院负责了其中的11个项目35个课题近120个子课题，还承担了国家“863”计划、国家自然科学基金等科技计划项目，大量研究成果达到国际先进水平，提升了建设行业科技实力。2003年到2012年底，中国建研院先后被住房城乡建设部、科技部授予“‘十五’全国建设科技进步先进集体”和“‘十一五’国家科技计划执行优秀团队”称号。

承担完成系列重大工程项目。2003年，完成国内首项屋顶操场（北京金鱼池学校内）预应力结构设计和工程施工[①]。2005年，完成西昌卫星发射中心2#发射塔现场检测项目任务。2008年，完成武汉站高铁站房结构专题研究及设计。2011年，承担了中新天津生态城等项目的绿色建筑咨询工作。2003年至2012年底，承担完成了中央电视台

2012年5月21日，中国建研院参与《中国国家博物馆建筑设计展》开幕仪式

① 参见李东彬《国内最大的屋顶操场预应力工程施工完成》，《建筑结构》，2004年第4期，第27页。

新址桩基方案咨询及后注浆、首都国际机场 T3 航站楼桩基后注浆、青海盐湖综合利用地基处理、北京电视中心及京东方北京、安徽、四川、湖北等桩基工程项目，设计的中青旅大厦、中国疾病预防控制中心一期、北京李宁体育用品有限公司、西安建设工程交易中心、中科院天津生物技术研发基地等项目获国家优质工程银质奖，中国国家博物馆改扩建工程获北京市优秀工程勘察设计一等奖和中国建筑学会优秀建筑结构设计一等奖。

首创多项建筑检测认证技术及产品。2001 年，完成的建筑门窗动风压性能现场检测设备、研发的外墙外保温耐久性能检测实验装置属国内首创。2002 年，国家建筑工程质量监督检验中心“室内环境污染”检测项目通过国家实验室认可，并获得国家认证认可监督管理委员会的计量认证和授权认可，成为我国建筑行业室内环境污染方面首家获得国家“三合一”评审的检测机构。

幕墙门窗动风压性能检测装置

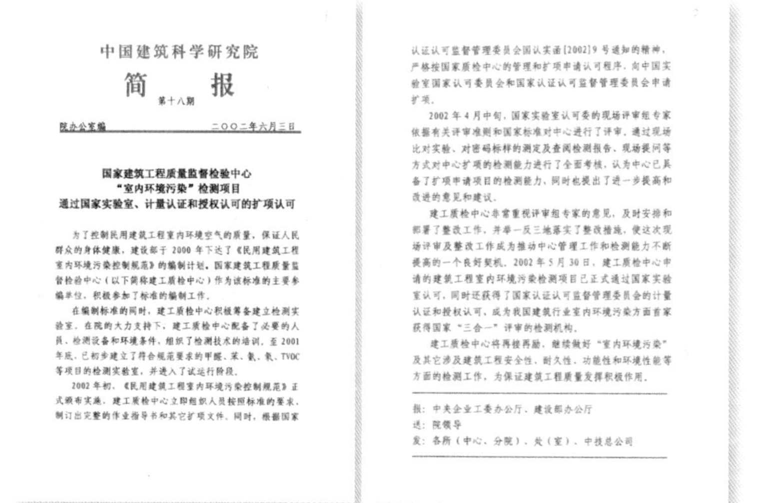

中国建筑科学研究院

简　报

第十八期

院办公室编　　二〇〇二年六月三日

国家建筑工程质量监督检验中心
“室内环境污染”检测项目
通过国家实验室、计量认证和授权认可的扩项认可

为了控制民用建筑工程室内环境空气的质量，保证人民群众的身体健康，建设部于2000年下达了《民用建筑工程室内环境污染控制规范》的编制计划，国家建筑工程质量监督检验中心（以下简称建工质检中心）作为该标准的主要参编单位，积极参加了标准的编制工作。

在编制标准的同时，建工质检中心积极筹备建立检测实验室，在院的大力支持下，建工质检中心配备了必要的人员、检测设备和环境条件，组织了检测技术的培训，至2001年底，已初步建立了符合规范要求的甲醛、苯、氨、氡、TVOC等项目的检测实验室，并进入了试运行阶段。

2002年初，《民用建筑工程室内环境污染控制规范》正式颁布实施，建工质检中心立即组织人员按照标准的要求，制订出完整的作业指导书和其它扩项文件，同时，根据国家认证认可监督管理委员会国认实函[2002]9号通知的精神，严格按国家质检中心的管理和扩项申请认可程序，向中国实验室国家认可委员会和国家认证认可监督管理委员会申请扩项。

2002年4月中旬，国家实验室认可委的现场评审组专家依据有关评审准则和国家标准对中心进行了评审，通过现场比对实验、对密码标样的测定及查阅检测报告、现场提问等方式对中心扩项的检测能力进行了全面考核，认为中心已具备了扩项申请项目的检测能力，同时也提出了进一步提高和改进的意见和建议。

建工质检中心非常重视评审组专家的意见，及时安排和部署了整改工作，并举一反三地落实了整改措施，使这次现场评审及整改工作成为推动中心管理工作和检测能力不断提高的一个良好契机。2002年5月30日，建工质检中心申请的建筑工程室内环境污染检测项目已正式通过国家实验室认可，同时还获得了国家认证认可监督管理委员会的计量认证和授权认可，成为我国建筑行业室内环境污染方面首家获得国家“三合一”评审的检测机构。

建工质检中心将再接再励，继续做好“室内环境污染”及其它涉及建筑工程安全性、耐久性、功能性和环境性能等方面的检测工作，为保证建筑工程质量发挥积极作用。

报：中央企业工委办公厅、建设部办公厅
送：院领导
发：各所（中心、分院）、处（室）、中技总公司

2002年5月30日，国家建筑工程质量监督检验中心“室内环境污染”检测项目通过国家实验室、计量认证和授权认可的扩项认可

率先研发多项建筑计算软件与设备。2001年，开发的“建筑工程量计算、钢筋统计及概预算报表软件STAT”率先实现了设计、概预算、施工一体化。2002年，研发的钢筋剥肋直螺纹连接技术、SCQ60曲线施工升降机被五部委授予“国家重点新产品”。2007年，开发了墙体抗风压设备和地源热泵岩土热物性测试仪。

助力抗击“非典”疫情。2003年上半年，全院干部职工共同努力，防治“非典”疫情，取得了“零感染”“零病例”的成果。“非典”期间，中国建研院提交的《建筑物空调通风系统防治“非典”的应急措施》由建设部办公厅、卫生部办公厅发布实施，陆续为人民大会堂、国务院办公楼、科技部办公楼、卫生部办公楼、新华通讯社等近30座国家重要建筑或大型商用建筑的空调通风系统进行了测试、检查与技术指导工作；编制的《建筑空调通风系统预防“非典”、确保安全使

中国建研院在施工预算、网格优化、施工管理以及建筑业企事业单位的办公自动化方面进行软件开发和研究

用的应急管理措施》由建设部、卫生部、科技部联合发布实施；建科宾馆被征用为中日医院抗击“非典”医务人员休整场地，接待工作历时近 100 天，共接待医护人员 10228 人次，接待时长和人数在北京所有征用宾馆中均名列前茅。

助力汶川抗震救灾。2008 年上半年，四川汶川发生特大地震灾害。中国建研院积极履行央企社会责任，先后派出 80 余名专家赶赴灾区一线开展震损房屋安全性应急评估工作，做好抗震救灾技术支撑，累计

左图为“非典”期间，中国建研院组织召开空调技术应对SARS专家研讨会；右图为“非典”期间，中国建研院建科宾馆工作人员合影

完成了8000余万平方米的灾区震后房屋应急评估，提出了启动灾区过渡安置房建设准备工作的建议，完成国家标准《建筑抗震设计规范》《建筑工程抗震设防分类标准》的修订工作，主编出版了《地震灾后建筑修复、加固和重建技术手册》和《2008年汶川地震建筑震害图片集》。积极参与灾后重建，对口技术支持映秀镇灾后重建，筹建的国家建筑工程质量监督检验中心什邡灾后重建实验室于2009年4月28日揭牌成立[①]，编制《什邡市师古镇镇区建设规划》，承担了灾后重建汶川青少年活动中心工程的建筑设计工作。

中国建研院专家在汶川地震后现场进行震损房屋安全性应急评估及调研培训工作

① 参见《中国建筑科学研究院简报2009年第十期：国家建筑工程质量监督检验中心什邡灾后重建实验室正式成立》。

2009 年 4 月 28 日，国家建筑工程质量监督检验中心什邡灾后重建实验室揭牌成立

助力北京奥运会。2008 年下半年，北京奥运会顺利召开并取得圆满成功。从奥运场馆开工建设到奥运会落下帷幕，中国建研院充分发挥技术优势，在建筑结构、地基基础、建筑防火、建筑环境与节能、

为 2008 年奥运会进行的定型火炬试验、奥运场馆座椅试验、水立方膜试验、击剑馆热烟试验现场

建筑材料、施工技术以及性能检测等众多领域提供技术支撑与服务，为奥运会胜利举办作出了应有贡献。

此外，中国建研院还完成了神八空气过滤器检测方案和产品设计方案研究制定工作及“神舟”飞船总装测试厂房性能化设计与研究工作，为国家航天事业提供了技术支撑。参与了中央电视台新址“2·9”火灾事故调查工作，调查得出的建筑主体结构烧损情况的相关数据为事故调查组核定火灾直接损失提供了科学的理论依据。被住房城乡建设部确定为首批华北区的国家级民用建筑能效测评机构。

同时，中国建研院人才获得国家和行业认可。2011 年，结构工程与抗震专家王亚勇当选第七批“全国工程勘察设计大师”。

中国建研院的七十年

2012—2017年

深化改革 转换机制

2012年11月，党的十八大胜利召开，这是我们党在全面建成小康社会的关键时期和深化改革开放、加快转变经济发展方式的攻坚时期召开的一次十分重要的会议，首次明确提出全面建成小康社会。从党的十八大开始，中国特色社会主义进入新时代，我国经济社会发展进入新的历史方位。

一、全面深化国有企业改革

2013年11月，党的十八届三中全会通过了《中共中央关于全面深化改革若干重大问题的决定》。2015年8月，党中央、国务院印发了《关于深化国有企业改革的指导意见》。其后，国务院国资委等部门又陆续出台多个配套文件，形成了国有企业改革“1+N”制度体系。

2012年底到2013年底，中国建研院按照国务院国资委、国有重点大型企业监事会的有关要求，积极强化管理提升、转变增长方式。2013年，中国建研院加强投资、产权和财务管理，全年实现营业收入51.54亿元，完成预算114.79%；利润总额2.41亿元，完成预算114.81%。同年12月11日，通过国家企业技术中心认定。

2014年，中国建研院在完善制度措施、规范管控要求的基础上，优化资源配置，将规划资质升级平移到院，成立城乡规划院；推进外埠机构布局，成立兰州分院，加快主辅分离，完成中国建设物资北京公司并入后勤保障部工作。到2014年底，全院设有建筑结构研究所、地基基础研究所、工程抗震研究所、建筑材料研究所、建筑防火研究所和建筑环境与节能研究院、建筑设计院、建筑机械化研究分院、建筑工程检测中心、城乡规划院、科技研发中心、认证中心、培训中心、绿色建筑技术中心等机构，以及深圳分院、上海分院、西南分院、天津分院、厦门分院、海南分院、西北分院、兰州分院等外埠分支机构。经重组和结构调整，全资和控股子公司由2012年底的 7 家缩减到 5 家，分别为建研科技股份有限公司、中国建筑技术集团有限公司、建研地基基础工程有限责任公司、北京建筑机械化研究院、建科实业有限公司。全院职工人数达 6892 人，比 2012 年底增长近 40%，其中专业技术人员 5949 人，比 2012 年底增长约 44%。

2016 年，在“四项改革”试点经验基础上，国务院国企改革领导小组[①]直接组织推动“十项改革”试点。中国建研院迅速抓住改革机遇，指导推动建研软件有限公司（筹）[②]入选首批“混合所有制企业员工持股试点”名单[③]，积极开展改革试点工作，取得了良好成效。

同时，中国建研院制定实施《院“十三五”发展战略与规划》，明确稳中求进的基本思路和“为市场不断提供创新的技术与产品，持续盈利能力达到国内一流水平，研究开发能力达到国际领先水平”的战略目标，推动加强院层面战略合作，完善规划、设计、检测、咨询等综合业务平台协调机制，调整分院管理模式，对 8 家外埠分院管理模式进行调整，其中深圳分院、厦门分院、西南分院、天津分院、海南分院作为实体机构进行管理，上海分院、西北分院、兰州分院作为品牌机构由院属相关单位进行管理。结合科研平台建设需要，强化国家标准规范研究，成立科技发展研究院和标准研究院。

---

① 为整体推进国有企业改革，按照习近平总书记的重要指示精神，2015 年国务院成立了由副总理马凯任组长、国务委员王勇任副组长的国企改革领导小组，办公室设在国务院国资委，2018 年 7 月 26 日，国务院国有企业改革领导小组人员调整，副总理刘鹤任组长。参见《中国国有企业简史（1949—2018）》，第 431 页。

② 现北京构力科技有限公司。

③ 首批企业为中央企业所属 10 户子企业。

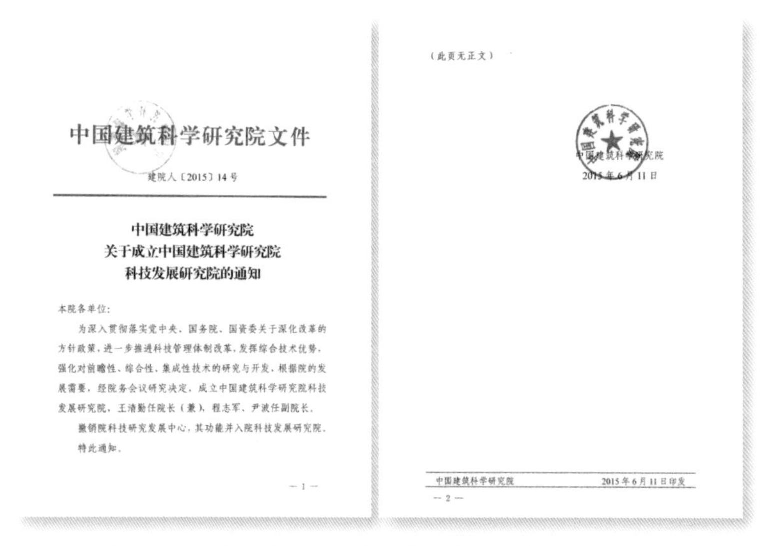

中国建筑科学研究院文件

建院人〔2015〕14号

中国建筑科学研究院
关于成立中国建筑科学研究院
科技发展研究院的通知

本院各单位:

为深入贯彻落实党中央、国务院、国资委关于深化改革的方针政策，进一步推进科技管理体制改革，发挥综合技术优势，强化对前瞻性、综合性、集成性技术的研究与开发，根据院的发展需要，经院务会议研究决定，成立中国建筑科学研究院科技发展研究院，王清勤任院长（兼），程志军、尹波任副院长。

撤销院科技研究发展中心，其功能并入院科技发展研究院。

特此通知。

— 1 —

（此页无正文）

中国建筑科学研究院

2015年6月11日

中国建筑科学研究院　　2015年6月11日印发

— 2 —

2015 年 6 月 11 日，中国建研院科技发展研究院成立

二、顺利完成公司制改制

多年来，公司制改制一直是改革的任务之一，但是一直到 2016 年底，仍有部分国有企业特别是部分中央企业集团层面尚未完成公司制改制。当年国务院国资委监管的 101 户中央企业中，有 69 户集团公司为全民所有制企业。为彻底全面完成公司制改制，2017 年 7 月，国务院办公厅印发了《中央企业公司制改制工作的实施方案》，为中央企业公司制改制提供了系统指导。①

2017 年 12 月，按照中共中央、国务院关于深化国有企业改革的总体要求，经国务院国资委批复同意，中国建研院顺利完成公司制改制，由全民所有制企业改制为有限责任公司，企业名称变更为“中国

① 参见《中国国有企业简史（1949—2018）》，第 445 页。

建筑科学研究院有限公司”，经济类型为国有独资，并归为“公益类企业”[①]，王俊任党委书记、董事长，李洪凤任党委副书记、副董事长，许杰峰任党委副书记、总经理。所属 5 家全民所有制子企业的改革工作也同步完成。

此外，北京构力科技有限公司顺利完成混合所有制改革和员工持股试点工作，天津分院确定为中国建研院第一家岗位分红试点实施单位，中国建筑技术集团有限公司、建研地基基础工程有限责任公司完成增资工作。

三、全面加强党的领导和党的建设

党的十八大以来，国有企业深化改革的一个重要特点是全面加强党的领导和党的建设。2015 年，中共中央办公厅印发《关于在深化国有企业改革中坚持党的领导加强党的建设的若干意见》。2016 年 10 月，全国国有企业党的建设工作会议召开，习近平总书记发表重要讲话，为新时代国有企业党的建设提供了根本指南。随后，中组部和国务院国资委党委印发了《贯彻落实全国国有企业党的建设工作会议精神重点任务》的通知，明确了具体工作要求。

中国建研院党委认真落实全国国有企业党的建设工作会议精神，对照中组部和国务院国资委党委提出的 30 项重点任务和 23 项重点工作，制定实施 60 项具体措施，以基本组织、基本队伍、基本制度“三基建设”为重点，围绕解决党的建设“虚化、弱化、淡化、边缘化”问题，集中力量抓基层、打基础，建立健全党建责任体系，不断完善

① 根据国务院国资委、财政部印发《关于完善中央企业功能分类考核的实施方案》，到 2017 年底，中央企业集团层面功能界定与分类工作基本完成，中国建研院归为公益类企业。参见《中国国有企业简史（1949—2018）》，第 443 页。

2017 年，中国建研院召开党建与党风廉政建设工作会议

党建工作机制，推动公司党建发生根本性变化。

截至 2017 年底，中国建研院及下属的 27 家企业全部完成党建工作总体要求进章程工作，2 家所属二级企业实现了党委书记、董事长“一肩挑”，其他二级企业实行党政“一肩挑”或党组织书记与行政负责人“交叉任职”，在三四级党组织推行党组织书记与行政负责人“一肩挑”，党的组织和工作实现了全覆盖，建立起了公司党委履行领导、指导和督导责任，二级单位党组织履行主体责任、党组织书记承担第一责任、班子成员履行“一岗双责”，一级抓一级、层层抓落实的党建工作责任制。

四、历史成绩及贡献

这一时期，中国建研院苦练内功，团结带领全体干部职工一心一

2013 年 9 月 22 日，中国建研院新科研楼竣工并投入使用

意谋发展、全心全意促改革，推动公司转型升级、提质增效，综合实力不断提升，行业影响力、带动力、核心竞争力持续增强。

经济质量和效益明显提升。深入开展管理提升活动，加强内控体系建设，扎实推进提质增效、瘦身健体、压减法人户数工作，在进一步做强做大科研与标准、咨询与服务、规划与设计、施工与监理、检测与认证、软件与信息化、建筑设备与材料七大板块原有业务的基础上，开拓了绿色建筑、生态城市、BIM、海绵城市、建筑工业化、EPC、数据中心等新领域，培育出新的经济增长点。2012—2017 年，累计实现营业收入 305.99 亿元，利润总额 14.37 亿元，上缴税金 18.43 亿元，净资产收益率年平均达 14.11%。截至 2017 年底，资产总额达 51.94 亿元，较 2012 年增长了 41.23%。

科研技术实力明显增强。牵头成立“建设 21 中国平台”，率先建成国内首个近零能耗示范建筑。研发出国内首款建筑室内自然采光模拟分析软件，并将高性能弹塑性动力时程分析软件首次推向市场。发布国内首个符合中国设计流程和规范标准的全新一代自主知识产权的 BIM 全专业协同设计系统 PKPM-BIM。主编完成我国第一部建筑信息模型应用的工程建设标准《建筑信息模型应用统一标准》。自主研发了新型细石混凝土泵、新型制管设备、多功能钢筋数控弯箍机等建筑施工机械。2012—2017 年，全院累计科技投入达 25.53 亿元，完

中国建研院自主研发的擦窗机

成科研项目727项①，编制标准规范281项，出版专著122部，发表学术论文1761篇②，获得授权专利262项，获国家科技进步奖5项，住房城乡建设部华夏奖及各类省部级科技进步奖80项。

参与一批重大工程项目。为北京中国尊和丽泽SOHO、天津周大福中心、上海中心、成都来福士广场、广州东塔、深圳平安金融中心以及国内绝大部分400米以上建筑提供结构咨询和相关试验服务。参与完成新型钢结构空冷塔设计创新与实践等相关大跨空间结构工程设计、施工与研究。为世界上口径最大、探测能力最强的单口径射电望远镜FAST提供铝合金背架设计咨询服务。受澳门特区政府委托，完成了“天鸽”台风风载试验与数据仿真服务。完成了世界上规模最大、埋深最深的高铁地下车站——新建京张高铁八达岭长城站的消防性能

中国建研院服务深圳前海深港合作区，承担当时全国最大的TOD开发项目——深铁前海国际枢纽中心项目的规划和建筑设计

① 其中，国家和省部级项目265项。
② 其中，被SCI、EI、ISTP收录论文214篇。

化设计。为青海盐湖集团新增 100 万吨钾肥项目提供设计咨询施工一体化服务。服务深圳前海深港合作区[①]，承担了当时全国最大的 TOD 开发项目——深铁前海国际枢纽中心项目的规划和建筑设计。参与 G20 杭州峰会机电系统调适咨询服务和运营保障工作并获突出贡献奖。参建的三门峡市文化体育中心会展部分一区、中国传媒大学图书馆等项目获国家优质工程奖。完成的北京中信城项目获第十一届中国土木工程詹天佑奖，中国国家博物馆改扩建工程荣获 2013 年度全国优秀工程勘察设计公建类一等奖、第十二届中国土木工程詹天佑奖和“改革开放三十五年百项经典暨精品工程”称号，成都来福士广场项目获第八届全国优秀建筑结构设计一等奖、2015 年度全国优秀工程勘察设计公建类一等奖，清华大学人文社科图书馆、东莞篮球中心获 2015 年度全国优秀工程勘察设计公建类一等奖。

中国建研院获“G20 杭州峰会服务保障突出贡献奖”

同时，中国建研院加快高层次人才培养。2017 年，结构工程与抗震专家肖从真当选第八批“全国工程勘察设计大师”。

① 深圳前海深港合作区 2010 年成立。

中国建研院的七十年

2017 年至今

创新发展 建设一流

第八篇章

早在党的十九大上，党中央就提出培育具有全球竞争力的世界一流企业。2020 年 10 月，党的十九届五中全会进一步提出，加快建设世界一流企业。2022 年 2 月，中央全面深化改革委员会第二十四次会议审议通过《关于加快建设世界一流企业的指导意见》，明确提出加快建设一批产品卓越、品牌卓著、创新领先、治理现代的世界一流企业。同年 10 月，党的二十大召开，再次强调加快建设世界一流企业。

一、持续深化国有企业改革

2018 年 8 月，根据国务院国资委国企改革整体部署，中国建研院进一步完善法人治理结构，制定了《公司董事会议事规则》等多项管理制度，明确了党委会、董事会、经理层的权责边界，建立了党委领导、董事会决策、经理层执行、纪委监督的治理体系。指导所属北京建筑机械化研究院有限公司成功入选“双百行动”试点企业名单。此时，中国建研院科技实力持续增强，牵头的“十三五”国家重点研发计划项目总数和专项经费总额在建筑领域处于领先水平，标准研编工作项目级别和数量稳居建筑领域第一。

2019 年，根据国资委《关于开展 2019 年中央企业三项制度改革专项行动的通知》，中国建研院进一步推进试点改革、人才培养、薪酬考核等相关工作，指导北京建筑机械化研究院有限公司调整组织架构，实施全员竞聘上岗；推动有条件的业务单元和事业部独立运营，成立认证中心事业部；剥离企业办社会职能，完成“三供一业”分离移交工作；对公司工资总额管理、二级单位负责人薪酬管理和经营业绩考核、职能部门薪酬管理和绩效考核进行全面系统调整优化，进一步释放了企业发展活力。

2020 年，中国建研院落实国企改革部署要求，指导所属建筑环境与能源研究院[①]和建筑防火研究所成功入选“科改示范行动”企业名单，制定建科环能科技有限公司和建研防火科技有限公司改革实施方案。

2020—2022 年，中国建研院利用国企改革三年行动契机，启动公司改革三年行动，聚焦“三个明显成效”[②]落实 32 项改革任务 81 条改革举措，重点完善“三重一大”事项范围及重大事项决策权责清单、党委前置研究讨论重大经营管理事项清单，加强董事会建设，全面推行经理层成员任期制和契约化管理，实施末等调整和不胜任退出，持续推进“双百行动”和“科改示范行动”等改革试点专项工程，建立健全中国特色现代企业制度，推动经济布局优化和结构调整，提高企业活力和效率。

二、调整优化业务发展布局

2020 年 10 月，党的十九届五中全会审议通过《中共中央关于制定国民经济和社会发展第十四个五年规划和二〇三五年远景目标的建议》；2021 年 3 月，《中华人民共和国国民经济和社会发展第十四个五年规划和 2035 年远景目标纲要》出台。这些重大文件为中国建研院未来发展指明了方向。2021 年以来，中国建研院在系统回顾“十三五”成绩、深入分析“十四五”发展环境的基础上，编制实施《公司“十四五”发展规划》，进一步明确企业的愿景、使命和发展定位，即做“中国建筑业科技发展的引领者”，“实践‘智者创物’核心理念，创造更大的社会价值”，“为城乡建设提供系统解决方案，为行业发展提供科技创新驱动力”，提出了“提质科技创新、提升经营效益、提高治

① 原建筑环境与节能研究院。

② “三个明显成效”，即确保在形成更加成熟更加定型的中国特色现代企业制度和国资监管体制上取得明显成效；确保在推动国有经济布局优化和结构调整上取得明显成效；确保在提高国有企业活力和效率上取得明显成效。

理水平”的规划总目标和 9 个方面的分目标，并确定了综合指标、科技发展指标、人才发展指标，同时还制定了“十四五”科技发展规划和人才发展规划。

2023 年 6 月，中国建研院召开加快发展战略性新兴产业部署会，动员各单位抓住战略机遇期，用好用足政策，突出效益效率、突出创新驱动、突出产业优化升级、突出服务大局，发展战略性新兴产业，开辟发展新赛道。

2023 年 6 月 20 日，中国建研院召开加快发展战略性新兴产业部署会议

三、加快建设世界一流企业

随着国资监管要求和市场形势的深刻变化，中国建研院越来越认识到，原有的经营模式已不能适应公司高质量发展要求，开展经营管控模式调整迫在眉睫、刻不容缓。因此，从 2019 年底开始，中国建研院开展了经营管控模式调整工作，并将此项工作与法治央企、三级研发和三级经营体系建设等工作结合起来，推动所属企业建立健全

适应国资监管要求和市场竞争需要的制度机制，取得显著成效。

2020 年以来，中国建研院认真落实党中央、国务院决策部署和国务院国资委有关要求，在整体推进改革的同时，围绕做强做优做大国有企业和国有资本总目标，组织开展系列专项行动，打造原创技术策源地和现代产业链链长，团结带领广大干部职工朝着加快建设世界一流科技型企业的目标奋勇前进。

2021 年 11 月 18 日，中国建研院召开全面深化经营管控模式调整工作会议

2020 年 8 月，按照国资委《关于开展对标世界一流管理提升行动的通知》，启动开展对标提升行动，组织职能部门和各二级单位围绕战略管理、组织管理、经营管理、财务管理、科技管理、风险管理、人力资源管理、信息化管理等 8 个重点领域，对标 1 至 2 家世界一流企业、行业先进企业、细分领域冠军，找差距、补短板、强弱项，加强管理体系和管理能力建设。截至 2022 年 8 月，对标提升行动工作清单 79 项任务全部落实完成，总体完成度达到 100%。其中，建科环能科技有限公司被国资委评为管理提升标杆企业。

2023 年 4 月，按照国务院国资委有关文件要求，启动开展价值创造提升行动，引导各二级单位专注细分领域，注重质量效益和创造长期价值，在“专业突出、创新驱动、管理精益、特色明显”上精准发力，打造具有核心竞争力的产品和服务，争创细分领域冠军，持续提升价值创造能力。2023 年 5 月 15 日，国务院国资委公布“科改企业”最新扩围名单，中国建研院天津分院凭借科技创新方面的突出成效，成功入选国企改革“科改企业”名单。2023 年 6 月，我国工程建设领域大型综合检测实验基地——中国建研院检测中心平谷实验基地正式投入使用。

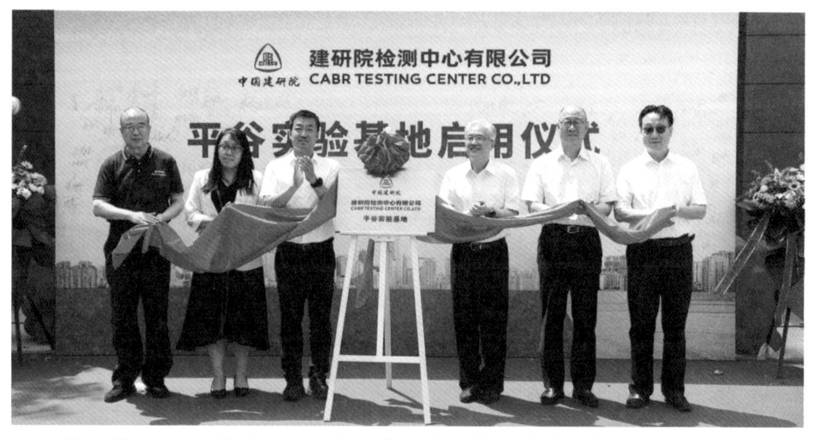

2023 年 6 月 18 日，中国建研院检测中心平谷实验基地正式启用

截至 2023 年，中国建研院下属共有 7 家全资和控股子公司、4 家事业部、3 家外埠机构，并在京津冀地区、粤港澳大湾区、长三角地区、海南自贸港、成渝和中部地区、东北、西北等国家重点发展区域设有分支机构，主要包括：中建研科技股份有限公司、中国建筑技术集团有限公司、建研地基基础工程有限责任公司、北京建筑机械化研究院有限公司、建科环能科技有限公司、建研院检测中心有限公司、建研防火科技有限公司、建筑设计院、城乡规划院、认证中心、科技发展研究院、深圳分公司、天津分院、热带建筑科学研究院（海南）有限公司等。

四、历史成绩及贡献

这一时期，中国建研院坚持稳中求进工作总基调，落实高质量发展要求，完整、准确、全面贯彻新发展理念，紧紧围绕服务落实“双碳”、数字中国建设等国家战略和城市更新、既有建筑改造、“好房子”“好社区”等市场需求开展工作，在实现自身稳步发展的同时，持续为构建新发展格局作贡献。

持续引领行业转型升级。2018 年以来，发起并举办两届中国建筑科学大会，发布《建筑科学研究 2021》，积极为行业技术交流和商贸合作搭建平台。2020—2022 年，主导制定的《光与照明 - 建筑照明系统调试》《幕墙术语》《幕墙层间变形性能检测方法》《太阳能—集热场—性能检验》等 ISO 标准正式发布，为建筑领域国际标准提供了更多中国方案，联合有关单位成立我国在城乡建设领域首次获得筹建的国家级技术标准创新基地——国家技术标准创新基地（建筑工程）。2022 年以来，由中国建研院牵头主编的《工程结构通用规范》《建筑与市政工程抗震通用规范》《建筑与市政地基基础通用规范》《混凝土结构通用规范》《建筑节能与可再生能源利用通用规范》《建筑环境通用规范》6 项全文强制性工程建设规范正式实施，全面支撑工程建设标准化改革深入推进。

服务国家“双碳”战略。2018 年，在国内首次建立了城市级热泵供暖检测平台。2019 年，主编的国家标准《近零能耗建筑技术标准》《建筑碳排放计算标准》正式发布实施，前者首次界定了我国超低能耗建筑、近零能耗建筑、零能耗建筑等相关概念，明确了室内环境参数和建筑能耗指标的约束性控制指标，为我国近零能耗建筑的设计、施工、检测、评价、调适和运维提供了技术引领和支撑。2020 年，建成全球规模最大、功能完善的全尺寸建筑环境与能源实验平台——未来建筑实验室。2021 年，建成集科研、展示、体验等功能于一体的建

2021 年 6 月 24 日，举办中国建筑科学大会，发布《建筑科学研究 2021》和“建筑能效云解决方案”

2021 年 10 月 21 日，国家“十三五”科技创新成就展在北京展览馆开幕，中国建研院“近零能耗建筑 · 雄安城市计算中心”“老旧小区改造”“基于 BIM 的预制装配建筑体系应用技术”“SZ160 型声波钻机”4 项成果入展，中国建研院是建筑行业成果展览数最多的单位

中国建研院未来建筑、近零能耗示范楼、光电示范建筑

筑环境与能源综合试验平台——光电示范建筑，该建筑满足自身用能后净产能量可达 20%。近年来，还设立了公司“城镇低碳、碳中和设计方法和技术集成研究与示范”科研专项基金项目。

服务数字中国建设。2018 年，开发具有自主知识产权的“设计、生产、施工一体化”装配式建筑 BIM 管理平台，形成了全产业链集成应用系统。2021 年，自主攻关研发的关键核心技术成果 BIMBase 系统，解决了我国工程建设领域长期缺失自主 BIM 三维图形系统、国产 BIM 软件无“芯”的问题，并作为建筑行业唯一技术成果入选国资委发布的国有企业科技创新十大成果，系统安全性和代码自主性通过中国泰尔实验室最高级别（S 级）测评和认证。截至 2022 年底，已发展 100 多家 BIM 二次开发单位，吸引 4000 多家企业成为 BIMBase 正式

2021 年 4 月 25 日，中国建研院自主研发的 BIMBase 系统发布并成功入选国务院国资委首次发布的国有企业十大科技创新成果

用户，相关成果在建筑、电力、交通、石化等多个领域推广应用，其中，新建建筑应用数为 2000 多个。2023 年，牵头申报的 BIMBase 数字工程云成功入选第一批中央企业行业领域公有云项目清单，BIMBase 系统入选《中央企业科技创新成果产品手册（2022 年版）》。目前，BIM 二期项目攻关在提升平台计算效率和跨行业应用中取得了阶段性成果。近年来，还设立了公司“建筑领域数字化技术应用与示范”科研专项基金项目。

服务雄安新区建设。2019 年以来，组建雄安分院，承接雄安新区智能基础设施、物联网建设等相关课题项目，参与《雄安新区近零能耗建筑核心示范区建设实施方案》，主编《雄安新区物联网建设导则（楼宇）》《雄安新区绿色建筑设计导则》《雄安新区绿色建造导则（试行）》《雄安新区绿色城区规划设计标准》《雄安新区绿色街区规划设计标准》《雄安新区绿色建筑设计标准》等标准导则，牵头承担雄安城市计算（超算云）中心全过程咨询一体化服务、北京科技大学雄安校区绿色生态专项规划和智慧校园专项规划、雄安容东片区 B1 组团安置房及配套设施项目总承包设计、雄安新区高铁站及相关片区设计和咨询检测、晾马台智能生态小城镇设计、启动区互联网产业园片区城市建筑风貌设计、雄安市民服务中心绿色建筑咨询、雄安新区规划建设 BIM 管理平台和规划建设培训考核平台项目建设等工作，承接并完成了雄安新区起步区排水防涝和竖向工程方案预研究岩土工程专题，为雄安新区绿色、智慧建设提供技术支持。

中国建研院牵头承担全过程咨询一体化服务的雄安城市计算（超算云）中心

2021 年 12 月 8 日，在深圳举办服务深圳建设 40 年暨湾区发展技术论坛，围绕“双碳战略下的城市建设”等主题展开深度探讨

服务粤港澳大湾区建设。成立国家建筑工程技术研究中心湾区研究院和中研（深圳）建设科技有限公司，举办服务深圳建设 40 年暨湾区发展技术论坛，服务湾区城乡建设和经济发展。编制了深圳市建设科技“十一五”“十二五”和“十三五”发展规划以及湾区系列技术标准和指南，承担了粤港澳大湾区（广东）消防救援规划项目，承接了中国紫檀博物馆横琴分馆和深圳市疾病预防控制中心设计、深圳福田保税区软基处理、深圳湾超级总部基地 C 塔及相邻地块低碳咨询、深圳银湖汽车站和深圳市民中心检测鉴定等项目以及深圳大中华国际交易广场、深圳机场 T3 航站楼、深圳北站预应力工程专项设计与施工。与深圳市人民政府签订战略合作协议，担任广州南沙起步区总咨询师和绿色生态总顾问，与中央企业驻湾区机构和湾区地方国企签署合作框架协议，合作实践湾区未来发展。

服务海南自贸港建设。配合中组部选派公司干部赴海南省住房和城乡建设厅挂职。2020 年，为聚焦具有地域特色的热带建筑科学研究，

中国建研院承担初步设计以及施工图设计的海口国际免税城

成立热带建筑科学研究院（海南）有限公司，组建“热带建筑科学研究人才团队”，并成功揭榜省重点研发项目“热带建筑科学关键技术研究”。近年来，牵头编制《海南省装配式建筑标准化设计技术标准》《海南省绿色建筑（装配式建筑）“十四五”规划》等，完成海口国际免税城、中国石化自贸大厦等项目相关设计工作，助力海南自贸港建设发展，并向“一带一路”沿线国家和地区扩展影响力。

助力国家重大工程建设。承担设计了中国工艺美术馆·中国非物质文化遗产传承馆、国家会展中心（天津）、北京亦创国际会展中心（世界机器人大会永久会址）、黄河国家博物馆、杭州大会展中心、上海浦东国际机场四期扩建西货运区 6 号地块智能货站等建筑设计项目。2019 年 9 月 25 日，北京大兴国际机场正式投运，中国建研院承担了机场施工图审查任务、建筑技术分析及顾问咨询服务、特殊消防设计方案的复核评估、消防安全预案编制及演练、保障新机场照明和地面

中国建研院中标 2025 年日本大阪世博会中国馆建设全过程工程咨询服务

空调及新风系统质量、质量监督抽查和现场拉拔检测工作。2023 年 4 月，中标 2025 年日本大阪世博会中国馆建设全过程工程咨询服务，为项目提供全过程项目管理、工程勘察、方案深化设计与工程设计、展陈设计、工程监理、全过程造价咨询、招标代理及采购咨询、建筑信息模型（BIM）设计以及场馆展陈运营维护技术支持和对外方单位的管理等工作。

助力新冠疫情防控。2020 年伊始，新冠疫情暴发，中国建研院在保障职工生命健康的基础上，充分发挥综合优势，为全国疫情防控提供技术支撑，提出了涉及生物安全实验室、疫苗生产车间、公共建筑空调通风系统等多个领域的防控和管理要求，完成 3 项新冠肺炎疫情防控相关标准编制工作，完成国内首批包括国药集团中国生物北京所和武汉所、北京科兴中维等新冠灭活疫苗车间的设计和检测评价工作，同时拓展医疗建筑设计，完成小汤山医院复建相关材料与构件的防火

中国建研院净化专业人员对新冠灭活疫苗车间进行检测评价工作

检测，积极为抗疫贡献力量。疫情期间，完成国家标准《空气过滤器》的英文版翻译工作，推进了我国空气过滤器标准在国际上的应用，提升了我国空气过滤器产品的国际竞争力。

助力打赢脱贫攻坚战。采取选派挂职干部、资金帮扶和技术支持等多种方式助力山西省偏关县脱贫攻坚和全面推进乡村振兴。2020 年 2 月，定点扶贫县山西省忻州市偏关县退出贫困序列，顺利实现脱贫摘帽，中国建研院被授予忻州市“驻村帮扶工作模范单位”称号。后勤保障部张大勇获“全国脱贫攻坚先进个人”称号。

助力北京冬奥会。2022 年 2 月 4 日，第十三届冬季奥林匹克运动会在北京举办，这是备受全世界瞩目的盛事。中国建研院积极助力北京冬奥会场馆建设，选派专家承担场馆建设评审与咨询、消防安保顾问等工作，完成滑雪大跳台、供电保障现场指挥部等重要设施的工程质量监督检验，开展防火设计、人员疏散、风洞试验研究等工作，承担国家速滑馆等场馆的室内温湿度与声学的模拟和设计，解决建设难点，推进场馆设施绿色化智能化。

这一时期，中国建研院持续强化人才支撑，实施“十人计划”“廿人计划”“百人计划”，成立院士工作站、大师工作室和公司智库，着力打造高素质专业化人才队伍。2020 年以来，聘任中国工程院院士、工程振动控制与结构抗震专家徐建为院士工作站首席专家；中国建研院建筑环境、建筑节能、绿色建筑专家徐伟，结构工程与抗震专家王翠坤，分别当选第九批、第十批“全国工程勘察设计大师”。

70 年风华正茂，70 年初心不改。70 年来，在党和国家有关领导的关怀、国务院国资委和相关行业主管单位的大力支持和社会各界的关心帮助下，中国建研院实现了持续稳步发展，为我国的建设事业作出了应有贡献。70 年再出发，中国建研院将始终心怀“国之大者”，继续秉持“智者创物”的价值理念，弘扬“爱国爱院、团结奋进”的

中国建研院照明专业人员对冬奥会滑雪大跳台进行夜间照明检测

光荣传统，以国有企业改革深化提升行动为契机，不断强化科技创新、激活发展动能，提高核心竞争力、增强核心功能，发挥综合技术优势，为我国建设事业科技进步和创新发展作出新的更大贡献，切实发挥自身在构建新发展格局中的科技创新、产业控制、安全支撑作用。

附录

中国建研院历任领导

任职时间	所长	副所长	所其他党政领导
1953-1954	—	乔克明	—
1954-1956	乔兴北	乔克明	—
任职时间	院长	党委书记	院其他党政领导
1956-1965	汪之力	倪弄畔 汪之力	乔兴北 汪季琦 张恩树 崔乐春 程震文 蔡方荫
1965-1970	张哲民	乔兴北	刘玉仑 何广乾 张恩树 崔乐春
1971-1972	—	—	马克勤 祁俊 何广乾 袁镜身 高志 崔乐春 章策 魏杰
1973-1975	阎子祥	阎子祥	王瑞峰 乔兴北 刘玉仑 何广乾 袁镜身 郭林军 崔乐春 程震文 魏杰
1976-1983.05	袁镜身	袁镜身	王民屏 王润芝 冯华 刘玉仑 祁世源 何广乾 何祥 杨明英 罗汉三 钱宜伦 崔乐春 程文生 魏杰
1983.05-1985.10	徐正忠	李承刚	钱宜伦 张维嶽
1985.10-1986.06	徐正忠	李承刚	徐培福 钱宜伦 张维嶽 陈肇基
1986.06-1989.02	徐培福	李承刚	钱宜伦 张维嶽 陈肇基 何星华 夏靖华
1989.02-1992.01	徐培福	李承刚	钱宜伦 张维嶽 陈肇基 何星华 夏靖华 李遇邦 李明顺
1992.01-1993.04	徐培福	李承刚	钱宜伦 陈肇基 何星华 李遇邦 李明顺 李绍业 吴元炜
1993.04-1995.03	徐培福	陈肇基	何星华 李遇邦 李绍业 吴元炜 邵松山 徐正忠
1995.03-1997.05	徐培福	陈肇基	何星华 李绍业 邵松山 徐正忠 袁振隆 王有为
1997.05-1998.10	徐培福	陈肇基	何星华 李绍业 邵松山 袁振隆 王有为 王铁宏 李朝旭
1998.10-2000.11	王铁宏	袁振隆	何星华 李绍业 王有为 李朝旭 马建萍
2000.11-2002.10	王铁宏	袁振隆	李绍业 王有为 李朝旭 马建萍 王俊
2002.10-2004.09	王铁宏	袁振隆	王有为 李朝旭 马建萍 王俊
2004.09-2005.09	—	袁振隆①	王有为 李朝旭 马建萍 王俊
2005.09-2006.05	王俊	袁振隆	李朝旭 马建萍 修龙
2006.05-2006.12	王俊	袁振隆	李朝旭 马建萍 修龙 汤宏

① 袁振隆主持行政工作。

<table>
<tr><th>任职时间</th><th>院长</th><th>党委书记</th><th>院其他党政领导</th></tr>
<tr><td>2006.12-2007.04</td><td>王俊</td><td>袁振隆</td><td>李朝旭　马建萍　汤宏</td></tr>
<tr><td>2007.04-2009.10</td><td>王俊</td><td>袁振隆</td><td>李朝旭　马建萍　汤宏　林海燕　许杰峰</td></tr>
<tr><td>2009.10-2014.09</td><td>王俊</td><td>李朝旭</td><td>马建萍　汤宏　林海燕　许杰峰</td></tr>
<tr><td>2014.09-2016.03</td><td>王俊</td><td>李朝旭</td><td>马建萍　汤宏　许杰峰　王清勤</td></tr>
<tr><td>2016.03-2016.06</td><td>王俊</td><td>李朝旭</td><td>马建萍　汤宏　许杰峰　王清勤　范圣权　李军</td></tr>
<tr><td>2016.06-2017.01</td><td>王俊</td><td>李洪凤</td><td>马建萍　汤宏　许杰峰　王清勤　范圣权　李军</td></tr>
<tr><td>2017.01-2017.07</td><td>王俊</td><td>李洪凤</td><td>马建萍　汤宏　许杰峰　王清勤　范圣权　李军　胡振金</td></tr>
<tr><td>2017.07-2017.12</td><td>王俊</td><td>李洪凤</td><td>汤宏　许杰峰　王清勤　范圣权　李军　胡振金</td></tr>
<tr><th>任职时间</th><th>董事长
党委书记</th><th>副董事长
党委副书记</th><th>公司其他党政领导</th></tr>
<tr><td rowspan="3">2017.12-2018.07</td><td rowspan="3">王俊</td><td>李洪凤</td><td rowspan="3">汤宏　王清勤　范圣权　李军　胡振金</td></tr>
<tr><th>总经理
党委副书记</th></tr>
<tr><td>许杰峰</td></tr>
<tr><th>任职时间</th><th>董事长
党委书记</th><th>副董事长
党委副书记</th><th>公司其他党政领导</th></tr>
<tr><td rowspan="3">2018.07-2019.07</td><td rowspan="3">王俊</td><td>李洪凤</td><td rowspan="3">王清勤　范圣权　李军　胡振金</td></tr>
<tr><th>总经理
党委副书记</th></tr>
<tr><td>许杰峰</td></tr>
<tr><th>任职时间</th><th>董事长
党委书记</th><th>总经理
党委副书记</th><th>公司其他党政领导</th></tr>
<tr><td>2019.07-2019.08</td><td>王俊</td><td>许杰峰</td><td>王清勤　范圣权　李军　胡振金</td></tr>
<tr><td>2019.08-2019.09</td><td>王俊</td><td>许杰峰</td><td>徐震　王清勤　范圣权　李军　胡振金</td></tr>
<tr><td>2019.09-2020.06</td><td>王俊</td><td>许杰峰</td><td>徐震　王清勤　范圣权　李军　胡振金　尹波</td></tr>
<tr><td>2020.06-2022.04</td><td>王俊</td><td>许杰峰</td><td>王阳　徐震　王清勤　范圣权　李军　胡振金　尹波</td></tr>
<tr><td>2022.04-2022.07</td><td>王俊</td><td>许杰峰</td><td>王阳　徐震　王清勤　李军　胡振金　尹波</td></tr>
<tr><td>2022.07-2023.06</td><td>王俊</td><td>许杰峰</td><td>王阳　徐震　王清勤　李军　胡振金　尹波　肖从真</td></tr>
<tr><td>2023.06 至今</td><td>王俊</td><td>许杰峰</td><td>王阳　徐震　王清勤　李军　尹波　肖从真</td></tr>
</table>

参考文献

[1] 《中国共产党简史》编写组 . 中国共产党简史 [M]. 北京：人民出版社，中共党史出版社，2021.

[2] 《中华人民共和国简史》编写组 . 中华人民共和国简史 [M]. 北京：人民出版社，当代中国出版社，2021.

[3] 汪之力 . 新中国的追求 [M]. 沈阳：东北大学出版社，2008.

[4] 王俊，冯大斌 . 预应力技术回顾与展望 [C]// 中国土木工程学会混凝土及预应力混凝土分会，中国建筑科学研究院 . 第九届后张预应力学术交流会论文集，2006：11.

[5] 九三学社中央宣传部 . 九三学社院士风采：2012 年版 [M]. 北京：学苑出版社，2012.

[6] 刘玉奎，袁镜身 . 刘秀峰风雨春秋 [M]. 北京：中国建筑工业出版社，2002.

[7] 邹月琴，许钟麟，郎四维 . 恒温恒湿、净化空调技术及建筑节能技术研究综述 [J]. 建筑科学，1996（2）：45-52.

[8] 赵建平，罗涛 . 建筑光学的发展回顾（1953-2018）与展望 [J]. 建筑科学，2018，34（9）：125-129.

[9] 姜伟新等 . 住房和城乡建设部历史沿革及大事记 [M]. 北京：中国城市出版社，2012.

[10] 建设部科学技术司 . 中国建设行业科技发展五十年 [M]. 北京：中国建筑工业出版社，2000.

[11] 《中国建筑年鉴》编委会 . 1984-1985 中国建筑年鉴 [M]. 北京：中国建筑工业出版社，1985.

[12] 王俊等 . 建基筑础承广厦：黄熙龄院士 90 华诞纪念专集 [M]. 北京：中国建筑工业出版社，2017.

[13] 王俊，赵基达，蓝天等 . 大跨度空间结构发展历程与展望 [J]. 建筑科学，2013，29（11）：2-10.

[14] 罗开海，黄世敏 .《建筑抗震设计规范》发展历程及展望 [J]. 工程建设标准化，2015（7）：73-78.

[15] 金新阳，陈凯，唐意 .《建筑结构荷载规范》发展历程与最新进展 [J]. 建筑结构，2019，49（19）：32，49-54.

[16] 程绍革 . 首都圈大型公共建筑抗震加固改造工程实践与回顾 [J]. 城市与减灾，2019（5）：39-43.
[17] 深化国家级科研院所改革 适应支柱产业科技发展要求 [J]. 中国勘察设计，2003（2）：29-32.
[18] 邵丁，董大海 . 中国国有企业简史（1949-2018）[M]. 北京：人民出版社，2020.
[19] 李东彬 . 国内最大的屋顶操场预应力工程施工完成 [J]. 建筑结构，2004（4）：27.

图书在版编目（CIP）数据

栉风沐雨七十载，踔厉奋发谱新篇：中国建研院的七十年 / 中国建筑科学研究院有限公司主编. —北京：中国建筑工业出版社，2023.9

ISBN 978-7-112-29158-8

Ⅰ.①栉… Ⅱ.①中… Ⅲ.①建筑科学－科学研究组织机构－研究－中国 Ⅳ.①TU-242

中国国家版本馆CIP数据核字（2023）第173529号

责任编辑：张幼平
责任校对：党　蕾

栉风沐雨七十载 踔厉奋发谱新篇——中国建研院的七十年
中国建筑科学研究院有限公司　主编
*
中国建筑工业出版社出版、发行（北京海淀三里河路 9 号）
各地新华书店、建筑书店经销
北京方舟正佳图文设计有限公司制版
北京富诚彩色印刷有限公司印刷
*
开本：787 毫米 × 1092 毫米　1/16　印张：7¼　字数：92 千字
2023 年 9 月第一版　2023 年 9 月第一次印刷
定价：**98.00** 元
ISBN 978-7-112-29158-8
（41884）